果园、山林高效益散养

陈宗刚　倪印红◎编著

科学技术文献出版社
SCIENTIFIC AND TECHNICAL DOCUMENTATION PRESS
·北京·

图书在版编目（CIP）数据

果园、山林高效益散养土鸡技术问答 / 陈宗刚，倪印红主编. —北京：科学技术文献出版社，2012.9（2014.11重印）

ISBN 978-7-5023-7217-0

Ⅰ. ①果… Ⅱ. ①陈…②倪… Ⅲ. ①鸡—饲养管理—问题解答
Ⅳ. ① S831.4-44

中国版本图书馆 CIP 数据核字（2012）第 050137 号

果园、山林高效益散养土鸡技术问答

策划编辑：孙江莉　责任编辑：孙江莉　责任校对：张吲哚　责任出版：张志平

出 版 者　科学技术文献出版社
地　　址　北京市复兴路15号　邮编 100038
编 务 部　（010）58882938，58882087（传真）
发 行 部　（010）58882868，58882874（传真）
邮 购 部　（010）58882873
官方网址　www.stdp.com.cn
发 行 者　科学技术文献出版社发行　全国各地新华书店经销
印 刷 者　北京时尚印佳彩色印刷有限公司
版　　次　2012 年 9 月第 1 版　2014 年 11 月第 4 次印刷
开　　本　850 × 1168　1/32
字　　数　145千
印　　张　6.25
书　　号　ISBN 978-7-5023-7217-0
定　　价　15.00元

编 委 会

前　言

20 世纪 80 年代，随着我国养鸡业的工厂化生产，国外速生鸡种大量被引进，我国原有的土鸡养殖数量大大减少。近年来，随着我国人们消费水平和消费观念的变化，发现我国原有土鸡虽然增重较慢，饲料转化率较低，但抗病力强，营养丰富，肌肉嫩滑，肌纤维细小，肌间脂肪分布均匀，鸡味浓郁，风味独特，无论从肉质，还是口感都是速生鸡无法比拟的，因此，全国各地又掀起了饲养优质土鸡的热潮，其生产规模不断扩大，产业化发展势头迅猛，已成为农村养殖业的新热点。

自《果园、山林散养土鸡》出版以来，已多次再印，许多读者纷纷来电、来函进行相关咨询，但因本人工作关系不能一一作答，因此在《果园、山林散养土鸡》的基础上对读者提出的相关问题进行了汇总，以期对《果园、山林散养土鸡》未提及的问题进行补充。

由于本人工作繁忙，错误和不当之处恳请广大科技工作者和生产者批评指正，并在此对参阅相关文献的原作者表示感谢。

编　者

目　录

第一章　土鸡散养前需要了解的相关问题

一、土鸡定义及生活习性问题

1. 什么是土鸡

土鸡又名笨鸡、本地鸡、草鸡，是我国传统养殖品种，但因我国国土面积大，南北差异明显，长期的自然选育造就了土鸡大小适中，生命力强、产蛋率高、耐粗食、饲养要求简单等特点，但品种间相互杂交，形成了“黑、红、黄、白、麻”等不同的羽毛色泽，鸡脚的肤色也有黄色、黑色、灰白色等，但所有类型土鸡的头都很小、体型紧凑、胸腿肌健壮、鸡爪细，鸡冠偏小，颜色红润。仿土鸡是以地方鸡品种为亲本配套杂交而成，因此品质接近土鸡，但鸡爪稍粗、头稍大。快速型鸡多为引进品种，头和躯体较大、鸡爪粗大，羽毛较松，鸡冠较小。

将鸡宰杀去毛后，三种鸡的差别就更加明显了。放血完全的白条土鸡皮肤薄、紧致，毛孔细，观看鸡腿可通过皮肤看到明显的深红色肉（剖开鸡腿与肉鸡相比更加明显，称为柴鸡的退役蛋鸡腿肉颜色与土鸡相差无几，但肉质发硬）。仿土鸡皮肤较薄、毛也较细，观看鸡腿通过皮肤看不到明显的深红色肉，通过皮肤可见腿肉色发白。而快速型鸡则皮厚、松弛，毛孔也比较粗，通过皮肤观看鸡腿呈明显白色。土鸡和仿土鸡最重要的特点是肤色偏黄、皮下脂肪分布均匀，而快速型鸡的肤色光洁度较大，颜色也偏白。

土鸡和仿土鸡烧好后肉汤透明澄清，表面油团聚于汤汁表面，有香味，而快速型鸡则肉汤较浊，表面油团聚较少。

2. 土鸡生活习性有哪些

土鸡虽然品种千差万别，但都具有耐粗饲、就巢性强和抗病力强等特性，有别于笼养的肉鸡、蛋鸡。

(1)喜暖性：土鸡喜欢温暖干燥的环境，不喜欢炎热潮湿的环境。

(2)登高性：土鸡喜欢登高栖息，习惯上栖架休息。光照直接影响鸡的活动能力，光由弱到强，鸡的活动能力也逐渐加强，相反活动能力减弱，黑夜时鸡完全停止活动，登高栖息。

(3)合群性：土鸡的合群性很强，一般不单独行动，刚出壳几天的雏鸡，就会找群，一旦离群就叫声不止。

(4)应激性：土鸡胆小怕惊，任何新的声响、动作、物品等突然出现，都会引起一系列的应激反应，如惊叫、逃跑、炸群等。

(5)抱窝性：土鸡一般都有不同程度的抱窝性，在自然孵化时是母性强的标志。

(6)认巢性：公、母土鸡认巢的能力都很强，能很快适应新的环境、自动回到原处栖息。同时，拒绝新鸡进入，一旦有新鸡进入便会出现争斗，特别是公鸡间争斗更为剧烈。

(7)恶癖：高密度养鸡常造成啄肛、啄羽的恶癖，如不及时采取措施会有大批鸡被啄死的危险。

二、土鸡品种问题

1. 我国土鸡的品种类型有哪些

我国幅员辽阔，地形多样，多年来经劳动人民长期选择和培育，形成了许多各具特色的土鸡优良地方品种。按照标准分类法，可把土鸡分为蛋用型、肉用型、兼用型和专用型四个类型。

(1)蛋用型：蛋用型土鸡以产蛋为主，鸡体躯较长，后躯发达，皮薄骨细，肌肉结实，羽毛紧密，鸡冠发达，活泼好动。开产早(即小鸡长至 6 个月后开始产蛋)，产蛋多(年产蛋 200～300 枚)，抗病能力弱，肉质较差，蛋壳较薄，如仙居鸡、白壳蛋鸡、褐壳蛋鸡等。

(2)肉用型：肉用型土鸡以产肉为主，体型大，体躯宽深而短，胸部肌发达，鸡冠较小，颈短而粗，腿短骨粗，肌肉发达，外形呈筒状，羽毛蓬松，性情温驯，动作迟钝，生长迅速，容易肥育，成熟晚，产蛋量低，如三黄鸡、北京油鸡、九斤黄等。

(3)兼用鸡：介于蛋用型与肉用型之间，肉质较好，产蛋较多，一般年产蛋约 160～200 枚。当产蛋能力下降后，肉用经济价值也较大。这种鸡性情比较温顺，体质健壮，觅食能力较强，仍有抱窝性，如狼山鸡和寿光鸡等。

(4)专用型：专用型鸡是一种具有特殊性能的鸡，无固定的体型，一般是根据特殊用途和特殊经济性能选育或由野生驯化而成的，如药用、观赏用的泰和鸡；观赏用的长尾鸡、斗鸡；作观赏、肉用的珍珠鸡、山鸡、火鸡等。

2. 我国优良土鸡品种有哪些

我国土鸡品种繁多，散养最好选择一些易管理、适应性强的土鸡品种，如固始鸡、三黄鸡、乌骨鸡、芦花鸡、河田鸡、北京油鸡、三黄胡须鸡、寿光鸡、仙居鸡、温州鸡、杏花鸡、济宁百日鸡、狼山鸡、大骨鸡(庄河鸡)、浦东鸡(九斤黄)、琅琊鸡、萧山鸡、鹿苑鸡、烟台糁糠鸡、边鸡、林甸鸡、峨眉黑鸡、静原鸡、溧阳鸡、武定鸡、桃源鸡、清远麻鸡、霞烟鸡、斗鸡、黄凤鸡、静宁鸡、卢氏鸡、江汉鸡(土鸡、麻鸡)、陕北鸡等。

三、散养土鸡的价值问题

1. 散养土鸡的饲养价值如何

散养土鸡就是利用果园、山地、闲田、林地、荒滩等地的昆虫等动物性饲料和天然青饲料散养土鸡,具有隔离条件好,疾病发生少,成活率高,饲养成本低,投资少等特点,是值得大力发展的致富养殖形式。前些年,由于土鸡自身存在的生长慢、个体小、产蛋少等弱点,逐步被国外快速型肉鸡所取代,养殖数量大大减少。但随着人们消费水平和消费观念的变化,土鸡的消费数量逐年增加,土鸡已成为农村养殖业的新热点。

散养的土鸡善跑,四肢矫健,脂肪沉积适中,皮薄肉嫩,细滑味美,气香入脾;土鸡蛋个体小,蛋清浓稠、香味浓郁,与笼养鸡的蛋相比,虽然营养无太大差别,但口感差别巨大。

果园、山林养鸡不争地,鸡粪肥园、肥林,提高土壤肥力,有利于果园丰产。鸡捕食白蚁、金龟子、潜叶蛾、地老虎等昆虫的成虫、幼虫和蛹,有利于树木正常生长。

果园、山林养鸡,鸡可随时捕食到昆虫、草籽、青料、沙粒等,扩大了摄食范围,既节省了饲料,又有益于鸡的生长发育,特别是产蛋母鸡可提高产蛋量5%~6%。

从养殖成本上看,土鸡养殖成本很低。一是鸡苗投入少,家家户户都可以养;二是饲料消耗少。养土鸡多采用散养方式,鸡群在田野、山林中觅食昆虫、草籽,养殖户补饲少量饲料即可,相对于养殖肉鸡来说,可节约2/3以上的饲料,大大降低了饲养成本。

从养殖利润上看，纯正的土鸡，市场上相当畅销，产品在市场上供不应求。同时，由于土鸡蛋蛋清浓稠、香味浓郁、高蛋白质、低胆固醇、味道好，非常受人们的青睐。因此，散养土鸡投资少，无污染、肉质鲜美细嫩、野味浓郁，售价高，符合绿色食品要求，是一项值得大力推广的绿色养殖实用技术。

2. 提高土鸡散养效益的措施有哪些

（1）选择优良的土鸡品种：我国的地方优质土鸡品种很多，有上百个品种，这些品种的土鸡具有体形小、耐粗饲、抗病能力强、肉质细嫩、味道鲜美、生长速度快、产蛋量高等优点，是土鸡散养的理想品种。由于品种间相互杂交，因而鸡的羽毛色泽有"黑、红、黄、白、麻"等颜色，脚的皮肤也有黄色、黑色、灰白色等，市场消费也不一样，故要选养适宜当地消费的品种。

（2）生产条件和设施要配套：果园、山林散养土鸡，通常可能面临缺电、缺水与交通运输不便等问题，会给生产管理带来较多困难，特别是大规模养殖，情况尤为严重，对此必须预先考虑，尽量解决好水、电及必备用具，准备好应急方案。

（3）凉棚、鸡舍的建造：雏鸡的体温调节功能还不健全，不能直接把雏鸡放到山坡上散养，应在育雏室中育雏不少于5周。

土鸡在山坡或林间散养，受自然环境，特别是温度影响较大。应根据饲喂土鸡数量的多少搭建凉棚或遮雨篷，供土鸡夏日避暑、风天避风、雨天防淋等。凉棚的位置可根据山坡走势和地理特点，建在风小、朝阳的地方。

建造的简易鸡舍不能过分简陋，应及时堵塞墙体上的大小洞口，鸡舍门窗用铁丝网或尼龙网拦好。

土鸡在自然条件下冬天不产蛋，要提高土鸡的产蛋量，就要创造适合土鸡生产的条件，提高生产水平。有条件的场户，可建笼养式鸡舍，进入冬季，把土鸡放入笼中饲养，保持舍内温度，使土鸡在冬天能持续产蛋，增加养殖效益。

(4)把好市场脉搏:无论土鸡产品价格预测如何,养殖户都应善于通过报刊、广播、网络等有效手段,及时掌握鸡蛋、饲料、雏鸡、商品土鸡的价格波动情况,把握好每一个增收节支的机会,为更好地调整土鸡生产奠定基础。

(5)适度规模饲养:养殖者要根据自身的经济实力和抗风险能力,掌握好土鸡饲养的适度饲养规模,要根据场区大小和资金实力,制定合理的饲养计划,既不能造成固定资产的闲置浪费,也不能贪求过大的饲养规模,为资金的回流和滚动发展加足筹码。

(6)提倡科学喂养:饲料运用应规范、科学,应选用质量过关且价格合理的全价配合饲料或预混饲料,保证饲料的卫生,谨防霉变、冰冻等。为了节约饲养成本,可在畜牧技术人员的指导下,进行饲料的合理组方,防止饲料营养不全,影响鸡只生长和产蛋率。

(7)加强疫病控制

①把好鸡舍建设关,避免人鸡混居,尽量远离村庄,减少疫病的发生和传染。

②严格把好消毒关,建立定期消毒制度,既要保证鸡只饲养安全,也要保证消毒质量。

③把好科学防疫关,不要因为野外养鸡与其他养鸡场隔离较远而忽视防疫,野外养鸡同样要注重防疫,制订科学的免疫程序并按免疫程序做好鸡新城疫、马立克病、法氏囊病等重要传染病的预防接种工作。同时还要注重驱虫工作,制订合理的驱虫程序,及时驱杀体内、外寄生虫。

④把好无害化处理关。要严格按照当地畜牧部门的要求,对染疫或疑似染疫鸡只进行火化、深埋等无害化处理,避免疫情传播。

(8)加强巡逻和观察:野外养鸡要特别预防鼠、黄鼠狼、野狗、山獾、狐狸、鹰、蛇等天敌的侵袭。鸡舍不能过分简陋,应及时堵塞墙体上的大小洞口,鸡舍门窗用铁丝网、尼龙网或不锈钢网围好。同时要加强值班和巡查,经常检查散养场地兽类出没情况。

散养时鸡到处啄虫、啄草，不易及时发现鸡只异常状态。如果鸡只发生传染性疾病，会将病原微生物扩散到整个散养环境中。因此，散养时要加强巡逻和观察，发现行动落伍、独处一隅、精神委靡的病弱鸡，要及时隔离观察和治疗。鸡只傍晚回舍时要清点数量，以便及时发现问题、查明原因和采取有效措施。

(9)要重视鸡群对环境植被的危害：鸡是采食能力很强的动物，大规模、高密度的鸡群需要充分的食物供应，否则会对散养殖场所的生态环境产生很大危害。因此，必须认识到山林田园中的天然饵料的供应是相对有限的，及时注意加强饲料投放，采取合理的饲养密度和轮牧措施。否则，不仅影响鸡群的正常生长发育，而且会对散养环境中的植被、作物、树木产生很大破坏。

(10)要注意淘汰病鸡：病鸡一定要隔离观察饲养，没有治疗或者饲养价值的鸡只要尽早的淘汰。因为病鸡是致病菌的携带者，并且长期散毒，是鸡群中的“定时炸弹”，将病鸡与健康鸡养在同一圈舍，鸡群再次发病的几率非常高。

(11)注重技术合作与革新，提高技术含量：随着市场竞争日趋激烈，只有技术领先才能立于不败之地。土鸡生产者应注意利用书刊、上网、参加产品交易会和技术交流会等各种机会，不断学习采用新技术、新工艺，并在养殖实践中加以发展创新，尽量与同行、专家保持密切联系，加强技术信息交流，不断进行技术升级改造。

(12)实施产业化经营，规避市场风险：有条件的地区和养殖场，可以尝试走土鸡产业化开发的路子，不仅仅局限于养鸡卖鸡、卖蛋，还要从种鸡选育、孵化育雏、育成育肥、鸡(蛋)运销、产品深加工、生产资料供应、技术服务、特色餐饮旅游开发等不同环节进行专业化分工和协作，以利于延伸产业化链条，实现挖潜增效，分摊市场风险。

第二章 鸡场的建造与设备相关问题

一、场址选择问题

1. 如何选择土鸡圈养期的场址

果园、山林散养土鸡分为圈养育雏和散养两个阶段。育雏阶段必须在育雏舍内圈养至少 5 周，雏鸡脱温后再进行散养。因此，自行孵化圈养育雏就需要进行孵化室和育雏舍场址的选择与建造，购买雏鸡的除可省略孵化室的建造外，育雏舍的选址及建造也更灵活，但新选址时要选在地势较高、干燥平坦、排水良好、背风向阳或稍有缓坡的地方，鸡舍坐北朝南。建鸡场的地方，要求土质的透气、透水性能好，抗压性强，以沙壤土为好。水源要充足，水质良好，无异臭或异味，保证有充足的电源。

拟建场地的环境及附近的兽医防疫条件的好坏是影响鸡场成败的关键因素之一，特别注意不要在土质被传染病或寄生虫、病原体所污染的地方和旧鸡场上建场或扩建。为有利于鸡场环境控制，鸡场应离铁路、主要交通干线、车辆来往频繁的地方在 500 米以上，距次级公路也应有 100～200 米的距离。为了防止畜禽共患疾病的互相传染，有利于环境保护，鸡场应远离居民区 500 米以上，也不应在有公害的地区建鸡场。

2. 如何选择散养期的场址

(1)位置

①园地选择:适宜养殖的园地有竹园、果园、茶园、桑园等,要求远离人口密集区,地势平坦干燥、避风向阳,环境安静,易防敌害和传染病,树龄以 3～5 年生为佳。

②山地、草坡:山地、草坡应选择远离住宅区、工矿区和主干道路,环境僻静的地方。最好是灌木林、荆棘林和阔叶林,没有或很少农田等。其坡度以低于 30°最佳,丘陵山地更适宜。土质以沙壤为佳,若是黏质土壤,在散养区应设立一块沙地。附近有小溪、池塘等清洁水源。

③经济林选择:经济林分布范围比较广,树的品种较多,有幼龄、成龄的宽叶林、针叶林、乔木、灌木等。夏天宜安排在乔木林、宽叶林、常绿林、成龄树园中;冬天则安排在落叶、幼龄树林为好,以刚刚栽下的 1～3 年的各种经济林为好。

林地养鸡,必须选择林隙合适、林冠较稀疏、冠层较高(4～5 米以上)、郁闭度为 0.5～0.6 的林分,透光和通气性能较好,而且林地杂草和昆虫较丰富,有利于鸡苗的生长和发育。郁闭度大于 0.8 或小于 0.3 时,均不利于鸡苗生长。据调查,南方家庭式养鸡场设在桉树林内,其他林分如相思林、灌木林、杂木林等因枝叶过于茂密,遮阴度大,不合适林地养鸡。橡胶林多采取宽行密株经营方式,虽然树冠浓密,透光度小,但行距大,树冠高(3 米以上),林内宽隙较大,许多农场工人在橡胶林内办养鸡场,也获得良好效果。部分省市群众则在马尾松林等林内养殖,也很成功。

④大田选择:所谓大田散养,就是雏鸡脱温后,散养于田间,让其自由觅食。大田养鸡也是一项节粮、省工、省钱的饲养方法。大田最好选择地势高燥、避风向阳、环境安静、饮水方便、无污染、无兽害的大田。大田空气流通、空间大,鸡的运动量大,防疫能力增

强，很少生病；害虫都让鸡吃光了，作物也不用喷药防虫了，而且鸡粪增强了土地肥力，促进作物增产。大田散养一般选择高秆作物的地块。

⑤其他：如利用河滩、荒坡等自然环境散养。

（2）水源：每只成年鸡每天的饮水量平均为300毫升，在气候温和的季节里，鸡的饮水量通常为采食饲料量的2～3倍，寒冷季节约为采食饲料量的1.5倍，炎热季节饮水量显著增加，可达采食饲料量的4～6倍。因此，散养鸡场必须要有可靠、充足的水源，并且位置适宜，水质良好，便于取用和防护。最理想的水源是深层地下水，一是无污染，二是相对“冬暖夏凉”。地面水源包括江水、河水、塘水等，其水量随气候和季节变化较大，有机物含量多，水质不稳定，多受污染，要经过消毒处理后使用。

（3）环境条件：要求散养场地周围30千米范围内没有大的污染源。

二、养殖场规划问题

1. 如何规划圈养期的场地

圈养期鸡场主要分场前区、生产区及隔离区等。场地规划时，主要考虑人、禽卫生防疫和工作方便，根据场地地势和当地全年主风向，按顺序安排各区。对鸡场进行总平面布置时，主要考虑卫生防疫和工艺流程两大因素。场前区中的生活区应设在全场的上风向和地势较高地段，然后是生产技术管理区。生产区设在这些区的下风向和较低处，但应高于隔离区，并在其上风向。

（1）场前区：包括技术办公室、饲料加工及料库、车库、杂品库、更衣消毒、配电房、宿舍、食堂等，是担负鸡场经营管理和对外联系的场区，应设在与外界联系方便的位置。大门前设车辆消毒池，两侧设门卫和消毒更衣室。

场前区孵化的雏鸡若还用于销售，因供销运输与外界联系频繁，容易传播疾病，故场外运输应严格与场内运输分开。负责场外运输的车辆严禁进入生产区，其车棚、车库也应设在场前区。

场前区、生产区应加以隔离，外来人员最好限于在场前区活动，不得随意进入生产区。

（2）孵化室：宜建在靠近场前区的入口处，大型养殖场最好单设孵化场，宜设在养殖场专用道路的入口处，小型养殖场也应在孵化室周围设围墙或隔离绿化带。

（3）育雏舍：无论是专业性还是综合性养殖场，为保证防疫安全，禽舍的布局根据主风方向与地势，应当按孵化室、幼雏舍排列，这样能减少发病机会。育雏舍应与孵化室及散养场地相距在100米以上，距离大些更好。在有条件时，最好另设分场，专门孵化及饲养幼雏，以防交叉感染。

（4）饲料加工、储藏库：饲料加工储藏库应接近禽舍，交通方便，但又要与禽舍有一定的距离，以利于禽舍的卫生防疫。

（5）道路：生产区的道路应将净道和污道分开，以利卫生防疫。净道用于生产联系和运送饲料、产品，污道用于运送粪便污物、病鸡和死鸡。场外的道路不能与生产区的道路直接相通，场前区与隔离区应分别设与场外相通的道路。

（6）养鸡场的排水：排水设施是为排出场区雨、雪水，保持场地干燥、卫生而设置。一般可在道路一侧或两侧设明沟，沟壁、沟底可砌砖、石，也可将土夯实做成梯形或三角形断面，再结合绿化护坡，以防塌陷。如果鸡场场地本身坡度较大，也可以采取地面自由排水，但不宜与舍内排水系统的管沟通用。隔离区要有单独的下水道将污水排至场外的污水处理设施。

2. 如何规划散养期的场地

土鸡散养的主要目的是提高鸡肉的品质和鸡蛋的香味，让土鸡只在外界环境中采食虫草和其他可食之物，每过一段时间后，散养地的虫草会被鸡食完，因此应预先将散养地根据散养土鸡的数量和散养时间的长短及散养季节划分成多片散养区域，用围网分区围起来定期轮牧，一片散养1～2周后，赶到另一个分区内散养，让已采食过的散养小片区休养生息，恢复植被后再散养，使鸡只在整个散养期都有可食的虫草等物。为了保证散养土鸡有充足的青绿饲料，可预先在散养地种植一些可供鸡食用的青绿植物。

这里必须强调的是，鸡是采食能力很强的动物，大规模、高密度的鸡群需要充分的食物供应，否则会对散养殖场所的生态环境产生很大危害。因此，必须认识到散养环境中的天然饵料的供应是相对有限的，及时注意加强饲料投放，采取合理的饲养密度和轮牧措施。否则，不仅影响鸡群的正常生长发育，而且会对散养环境中的植被、作物、树木产生很大破坏。

三、孵化场的建设问题

1. 孵化室有何要求

雏鸡孵化若不用于销售，根据种蛋来源及数量，可散养的鸡数量、孵化批次、孵化间隔、每批孵化量确定孵化形式、孵化室、出雏室及其他各室的面积。孵化室和出雏室面积，还应根据孵化器类型、尺寸、台数和留有足够的操作面积来确定。

（1）孵化厅、场空间：若采用机器孵化，孵化场用房的墙壁、地面和天花板，应选用防火，防潮和便于冲洗的材料，孵化场各室（尤其是孵化室和出雏室）最好为无柱结构，以便更合理安装孵化设备和操作。门高2.4米左右，宽1.2～1.5米，以利种蛋和蛋架车等的输运。地面至天花板高3.4～3.8米。孵化室与出雏室之间应设缓冲间，既便于孵化操作，又利于防疫。

孵化厅的地面要求坚实、耐冲洗，可采用水泥或地板块等地面。孵化设备前沿应开设排水沟，上盖铁栅栏(横栅条，以便车轮垂直通过)与地面保持平整。

(2)孵化厅的温度与湿度：环境温度应保持在22～27℃，环境相对湿度应保持在60%～80%。

(3)孵化厅的通风：孵化厅应有很好的排气设施，目的是将孵化机中排出的高温废气排出室外，避免废气的重复使用。为向孵化厅补充足够的新鲜空气，在自然通风量不足的情况下，应安装进气巷道和进气风机，新鲜空气最好经空调设备升(降)温后进入室内，总进气量应大于排气量。

(4)孵化厅的供水：加湿、冷却的用水必须是清洁的软水，禁用镁、钙含量较高的硬水。供水系统接头(阀门)一般应设置在孵化机后或其他方便处。

(5)孵化厅的供电：要有充足的供电保证，并按说明书安装孵化设备；每台机器应与电源单独连接，安装保险，总电源各相线的负载应基本保持平衡；经常停电的地区建议安装备用发电机，供停电使用；一定要安装避雷装置，同时避雷地线要埋入地下1.5～2米深。

2. 种蛋库有何要求

种蛋库用于存放鸡的种蛋，要求有良好的通风条件以及良好的保温和隔热降温性能，库内温度宜保持在10～20℃。种蛋库内要防止蚊、蝇、鼠和鸟的进入。种蛋库的室内面积以足够在种蛋高峰期放置蛋盘，并操作方便为度。

3. 孵化机类型都有哪些

孵化机的类型多种多样。按供热方式可分为电热式、水电热式、水热式等;按箱体结构可分为箱式(有拼装式和整装式两种)和巷道式;按放蛋层次可分为平面式和立体式;按通风方式可分为自然通风和强力通风式。

孵化机类型的选择主要应根据生产条件来决定,在电源充足稳定的地区以选择电热箱式或巷道式孵化机为最理想。拼装式、箱式孵化机安装拆卸方便;整装箱式孵化机箱体牢固,保温性能较好;巷道式孵化机孵化量大,多为大型孵化厂采用。因此,在购买时要根据自己的实际应用情况向卖家进行相关的咨询。

4. 孵化配套设备都有哪些

(1)发电机:用于停电时的发电。

(2)水处理设备:孵化场用水量大,水质要求高,水中含矿物质等沉淀物易堵塞加湿器,须有过滤或软化水的设备。

(3)运输设备:用于孵化场内运输蛋箱、雏盒、蛋盘、种蛋和雏鸡。

(4)照蛋器:是用来检查种蛋受精与否及鸡胚发育进度的用具。目前生产的手持式照蛋器,使用时灯光照射方向与手把垂直,控制开关就在手把上。

(5)冲洗消毒设备:一般采用高压水枪清洗地面、墙壁及设备。目前有多种型号的冲洗设备,如喷射式清洗机很适于孵化场的冲洗作业,它可转换成3种不同压力的水柱:“硬雾”用于冲洗地面、墙壁、出雏盘和架车式蛋盘车、出雏车及其他车辆;“中雾”用于冲洗孵化器外壳、出雏盘和孵化蛋盘;“软雾”冲洗入孵器和出雏器内部。

(6)鸡蛋孵化专用蛋盘和蛋车。

（7）其他设备：移盘设备；连续注射器；专用的雏鸡盒（可用雏鸡盒代替）等。

四、圈养期的场舍建筑、设备问题

1. 育雏舍的形式有哪些

育雏舍专门饲养脱温前的雏鸡（0～5周龄），这阶段要供温，室温要求达到20～35℃且保温性能好，有一定的通风条件，育雏舍的面积根据饲养量和育雏方式确定。

（1）塑料大棚育雏室：建一个100平方米塑料大棚，需厚度为8丝（80 μm）的长寿薄膜17千克，直径2～4厘米、长4～5米竹竿100根，立柱27根，砖800块，适量聚丙乙烯细绳、铁丝、稻草或竹排等。育雏室东西走向，两侧垒山墙，山墙下开门，门上留通气孔。一般长20米，宽5米，高1.8～2.0米，呈拱形，底角60°，天角20°。棚顶建2～3个40～50厘米可关闭的天窗。

大棚组装时用直径2～4厘米、长4～5米竹竿两根对接绑牢变成弧形起拱，两拱间50厘米，全棚39拱，全拱用8根竹竿连接，拱顶2根绑在一起，两侧各3根，与拱用铁丝绑紧支成棚架形成一整体。为使棚架牢固，拱下每隔2米由3根立柱支撑，顶牢后用铁丝绑紧。薄膜长21米，宽7米，提前按规格粘好，盖膜时选无风天气，将膜直接搭在棚架上，膜外压一张竹排，每根之间10～15厘米，每根拴2～3道尼龙细绳。在内竹排外加盖一层稻草，再压上同样的竹排（也可用尼龙网代替）。为防竹排上稻草滑下，外竹排起压紧作用。竹排距棚两边地面90厘米，把露出牵绳拴在棚两边地锚铁丝上，棚两侧薄膜内面拉上90厘米高护网。鸡舍也可利用现成的蔬菜尼龙大棚。

（2）砖舍育雏室：砖舍育雏室多采用开放式鸡舍，最常见的形式是四面有墙、南墙留大窗户、北墙留小窗户的有窗鸡舍。这类鸡舍全部或大部分靠自然通风、自然光照，舍内温、湿度基本上随季节的变化而变化。由于自然通风和光照有限，在生产管理上这类鸡舍常增设通风和光照设备，以补充自然条件下通风和光照的不足。若新建育雏舍要求离其他鸡舍的距离至少应有 100 米，坐北朝南，南北宽 5 米，面积按每 1000 只鸡 10 平方米计算。利用农舍、库房等改建育雏舍，必须做到通风、保温。一般旧的农舍较矮，窗户小，通风性能差。改建时应将窗户改大，或在北墙开窗，增加通风和采光。各部分具体要求如下：

①地基：地基指墙突入地面的部分，是墙的延续和支撑，决定了墙和鸡舍的坚固和稳定性，主要作用是承载重量。要求基础要坚固、抗震、抗冻、耐久，应比墙宽 10～15 厘米，深度为 50 厘米左右，根据鸡舍的总重量、地基的承载力、土层的冻胀程度及地下水情况确定基础的深度，基础材料多用石料、混凝土预制或砖。如地基属于黏土类，由于黏土的承重能力差，抗压性不强，加强基础处理，基础应设置得深厚一些。

②墙壁：墙是鸡舍的主要结构，具有承重、隔离和保温隔热的功能，对舍内的温度、湿度状况保持起重要作用(散热量占 35%～40%)。墙体的多少、有无，主要决定于鸡舍的类型和当地的气候条件。要求墙体坚固、耐久、抗震、耐水、防火，结构简单，便于清扫消毒，要有良好的保温隔热性能和防潮能力。墙体材料可用砖砌或用泡沫板。砖砌厚度为 24 厘米，如要增加承重能力，可以把房梁下的墙砌成 37 厘米。泡沫板厚度 10 厘米。

③门、窗：门、窗的大小关系到采光、通风和保暖，育雏舍的门、窗面积较大，窗距地面的高度为 50 厘米，高 1.2～1.8 米，宽1.8～2 米。窗的面积为地面面积的 15%～20%。

鸡舍的门高为 2 米并设在一头或两头，宽度以便于生产操作为准，一般单扇门宽 1 米，双扇门宽 1.6 米左右。

④排气孔:每间设一直径 15 厘米排气孔,棚内长度至少 3 米,且排气孔的两端采用弯头(图 2-1),冬季舍内安装弯头,夏季取下。

图 2-1 排气孔的室内部分

⑤屋顶的式样:屋顶具有防水、防风沙,保温隔热的作用。屋顶的形式主要有坡屋顶(图 2-2)、平屋顶、拱形屋顶,炎热地区用气楼式(两窗户中间安装一个 80 厘米×80 厘米的带盖天窗)和半气楼式屋顶。要求屋顶防水、保温、耐久、耐火、光滑、不透气,能够承受一定的重量,结构简便,造价便宜。

图 2-2 带气孔的坡屋顶

屋顶高度一般净高 3～3.5 米(墙高 2 米,屋顶架高 1.5 米),严寒地区为 2.4～2.7 米,如是高床式鸡舍,鸡舍走道距大梁的高度应达到 2 米以上,避免饲养管理人员工作时碰头或影响工作。屋顶材料多种多样,有水泥预制屋顶、瓦屋顶、石棉瓦和钢板瓦屋顶等。石棉瓦和钢板瓦屋顶内面要铺设隔热层,提高保温隔热性能。简便的天棚是在屋梁下钉一层塑料布。

⑥地面:地面结构和质量不仅影响鸡舍内的小气候、卫生状况,还会影响鸡体及产品的清洁度,甚至影响鸡的健康及生产力。要求鸡舍的地面高出舍外地面至少 30 厘米,平坦、干燥,有一定坡度,以便舍内污水的顺利排出。地面和墙裙要用水泥硬化。在潮湿地区修建鸡舍时,混凝土地面下应铺设防水层,防止地下水湿气上升,保持地面干燥。为了有利于舍内清洗消毒时的排水,中间地面与两边地面之间应用一定的坡度,并设排水通道,舍外要设有 30 厘米宽排水沟到场外污水处理设施。排水通道要有防鼠及其他动物进入的设施,如铁网等。

⑦鸡舍的跨度:鸡舍的跨度一般为 9～12 米,净宽 8～10 米,过宽不利于通风;鸡舍长度为 50～80 米,每间 3 米。也可根据饲养规模、饲养方式、管理水平等诸多具体情况而定。

⑧鸡舍内人行过道:多设在鸡舍的中间,宽为 1.2 米左右。

2. 如何采用网床育雏

采取网上育雏的,以每平方米 40～50 只雏鸡计算,饲养数量多,应将育雏舍分为若干小区,每小区饲养数量掌握在 1000 只左右进行设计。

摆放根据鸡舍的大小,一般每栋鸡舍靠房舍两边摆放 2 个网床,网床离地面 1～1.2 米,中间留 1～1.2 米的过道。网上平养一般都用手工操作,有条件的可配备自动供水、给料、清粪等机械设备。

网上平养设备一般由竹板、塑料绳(市场有售)或铁丝搭建。

竹竿(板)网上平养网床的搭建是选用2厘米左右粗的圆竹竿(板),平排钉在木条上,竹竿间距2厘米左右(条板的宽为2.5～5厘米,间隙为2.5厘米),制成竹竿(板)网架床,然后在架床上面铺塑料网,鸡群就可生活在竹竿(板)网床上(图2-3)。

图2-3 竹竿(板)网床

用塑料绳搭建时,采用6号塑料绳者绳间距4厘米、8号塑料绳绳间距5厘米,地锚深1米,用紧线器锁紧(图2-4)。

图2-4 塑料绳网床(左:搭好的网床;右:地锚部分)

塑料网片宽度有 2 米、2.5 米、3 米等规格，长度可根据养殖房舍长度选择，网眼可直接采用直径是 1.25 厘米圆形网眼的，这样能保证鸡在最小的时候也能在网床上站稳，不会掉下去，也不会刮伤鸡爪，并且省去了以前在育雏时采用大直径网眼上增加小直径网片的麻烦。

网床外缘要建 40～50 厘米高的围栏，防止鸡从网床上掉下来或者跑掉。

3. 如何采用垫料育雏

采用地面育雏的垫料选择应根据当地具体条件而定，原则是不霉，不呈粉末状。

鸡舍内铺设垫料，能保持鸡群健康，有助于种蛋的清洁。切短的稻草是良好的垫料，因其两端吸水。为提高稻草作为垫料的利用率，应将其切成 1～2 厘米长为好。其他很多植物产品，只要具备良好的吸水性，均可选作养鸡垫料，如稻谷壳、麦秕、锯木屑、碎玉米、玉米穗芯等。

垫料的使用量应视气温而变，雏鸡群于寒冷气温下饲养，垫料应辅放厚些（5 厘米以上），较暖和季节则垫料厚度可酌减。对于雏鸡垫料形态的选用也很重要，过于干燥又呈粉末状的垫料，其尘埃常导致机械性刺激，是引发呼吸道疾病的原因之一，使用此类垫料时，除应适当增高室内湿度（短时间）外，还应在垫料上适量喷些水。但垫料过于潮湿，同样也不利于鸡的饲养，有可能增加雏鸡球虫病或霉菌病发生的危险。故垫料的物理性质及几何形态也是育雏成败的关键之一，应予以必要的重视。

4. 加温保温设备有哪些

雏鸡对温度要求较高，因此鸡舍应有加温设备。加温设备主要有电保温伞、保温箱、红外线灯、煤炉和排烟管道等。通过电热、水暖、气暖、煤炉加热等方式来达到加温保暖目的。采用电热、水暖、气暖，干净卫生，但成本高。用煤炉加热比较脏，容易发生煤气中毒事故。因此，养殖者应当因地制宜的选用经济实惠的供暖设备和方式，以保证达到所需温度。

（1）红外线灯：温暖地区可用红外线灯供热。红外线发热元件主要有两种形式：一种是明发射体，所用灯泡为 250 瓦，一盏 250 瓦红外线灯泡可供 100～250 只雏鸡保温；另一种是暗发射体，只发出红外线，因此，在使用时应配置照明灯，其功率为 180～500 瓦或 500 瓦以上。随着鸡日龄的增加和季节的变化，应逐渐提高灯泡高度或逐渐减少灯泡数量，以逐渐降低温度。炎热的夏季离地面 40～50 厘米，寒冷的冬季离地面约 35 厘米。

此法的优点是舍内清洁，垫料干燥，但耗电多，灯泡易损，供电不稳定的地区不宜采用，若与火炉或地下烟道供热方法结合使用效果较好。

（2）电热保温伞：电热保温伞由电源和伞部组成，其工作原理是利用伞部的反射，将电源发出的热量集中反射到地面。通过温度控制系统（控温仪、电子继电器和水银感温导电表等），使温度保持在适宜的范围内，直径为 2 米的保温伞可育雏 300～500 只。

电热保温伞育雏的优点是清洁卫生，雏鸡可在伞下自由活动，寻找最适宜的温度区域。若在舍温低的环境下，单独使用电热保温伞育雏，效果并不佳，耗电多且舍温难以控制。

（3）烟道供温：烟道供温有地上水平烟道和地下烟道两种。

地上水平烟道是在育雏室墙外建一个炉灶，根据育雏室面积的大小在室内用砖砌成一个或两个烟道，一端与炉灶相通。烟道排列形式因房舍而定。烟道另一端穿出对侧墙后，沿墙外侧建一个较高的烟囱，烟囱应高出鸡舍 1～2 米左右，通过烟道对地面和育雏室空间加温。

地下烟道与地上烟道相比差异不大，只不过室内烟道建在地下，与地面齐平。烟道供温应注意烟道不能漏气，以防煤气中毒。烟道供温时室内空气新鲜，粪便干燥，可减少疾病感染，适用于广大农户养鸡和中小型鸡场。

(4)煤炉供温：煤炉(图 2-5)是我国广大农村，特别是北方常用的供暖方式。可用铸铁或铁皮火炉，燃料用煤块、煤球或煤饼均可，用管道将煤烟排出舍外，以免舍内有害气体积聚。保温良好的房舍，每 20～30 平方米设 1 个煤炉即可。

图 2-5　煤炉

此法适合于各种育雏方式，但若管理不善，舍内空气中烟雾、粉尘较多，在冬季易诱发呼吸道疾病。因此，应注意适当通风，防止煤气中毒。

(5)热水供温：利用锅炉和供热管道将热水送到鸡舍的散热器中，然后提高舍内温度。

此法温度稳定，舍内卫生，但一次投入大，运行成本高。

(6)普通白炽照明灯：普通白炽照明灯也可用来供雏鸡保温，尤其是饲养量较少的情况下，用普通照明灯泡取暖育雏既经济又实用。用木材或纸箱制成长 100 厘米、宽 50 厘米、高 50 厘米的简易育雏箱，在箱的上部开 2 个通气孔，在箱的顶部悬挂 2 盏 60 瓦的灯泡供热。许多养殖者采用浴霸用的硬质红外线灯泡采暖效果也很好。

（7）热风炉：热风炉是目前应用最多的集中式采暖的一种方式，可采用一个集中的热源（锅炉房或其他热源），将蒸汽或预热后的空气，通过管道输送到舍内，空气温度可以自动控制（图 2-6）。

图 2-6　热风炉

鸡舍采用热风炉采暖，应根据饲养规模确定不同型号的供暖设备。如 210 兆焦热风炉的供暖面积可达 500 平方米，420 兆焦热风炉供暖面积可达 800～1000 平方米。

5. 雏鸡的喂料器具有哪些

雏鸡的喂料设备很多，可分为普通喂料设备和机械喂料设备两大类，对于中小型养鸡者来说，机械喂料设备投资大，管理、维修困难，因此宜采用普通喂料设备手工添料方式，借助手推车装料，一名饲养员可以负担3000～5000只鸡的饲养量。普通喂料设备具有取材容易、成本低、便于清洗消毒与维护等优点，深受广大养鸡户的喜爱。

普通喂料设备目前多使用塑料料桶（图2-7），料桶由上小下大的圆形盛料桶和中央锥形的圆盘状料盘及栅格等组成，可通过吊索调节高度或直接放在网床上。料桶有大小两种型号，前期用小号，后期用大号，每个桶可供50余只鸡自由采食用。

图2-7　料桶

自行制作料槽时高低大小至少应有两种规格：3周龄内鸡料槽高4厘米、宽8厘米、长80～100厘米；3周龄以后换用高6厘米、宽8～10厘米、长100厘米左右的料槽；8周龄以上，随鸡龄增长可以将料槽相应地垫起，使料槽高度与鸡背高相同即可。

需要注意的是，料桶容量小，供料次数和供料点多，可刺激食欲，有利于鸡的采食和增重；料桶容量大，可以减少喂料次数和对鸡群的干扰，但由于供料点少，造成采食不均匀，将会影响鸡群的整齐度。

6. 饮水器具有哪些

有水槽、真空饮水器、钟形饮水器、乳头式饮水器、水盆等（图2-8），大多由塑料制成，水槽也可用木、竹等材料制成。

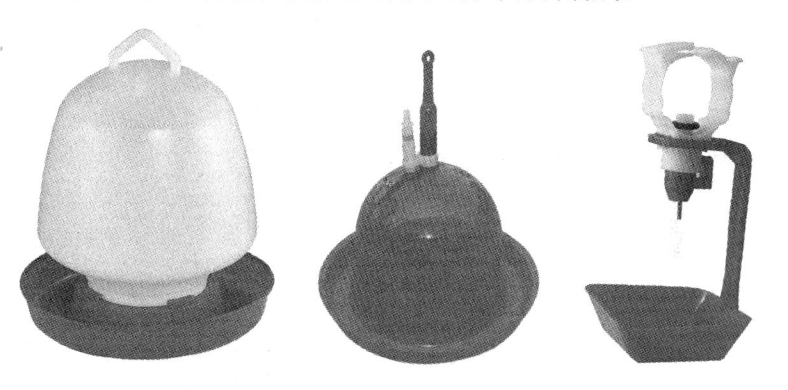

图 2-8 饮水器具

7. 通风换气设备有哪些

冬季，为了保持良好的空气；夏季，为了防暑降温及排除湿气，一般均采用机械设备进行通风。通常，空气由前窗户进入鸡舍，由后墙窗户排出，造成空气对流，以达到通风换气的目的。在冬季窗户关闭，或夏季无风，空气对流缓慢时，舍内空气污浊，则需另外装置通风设施，目前常采用风扇通风。可在鸡舍后墙装上风扇，使经前窗进入的空气由风扇排出。良好的通风应是进入鸡舍的空气量与排出鸡舍的空气量相等。而排出的空气量又视鸡舍内鸡只数量、体重及气温高低而定。鸡舍的进出风量稍大于进入的风量（负压通风），以达到最佳的换气效果。气流的流动，带走了周围的热量，达到了降温的效果；但是在使用机械通风时，要避免进入鸡舍的气流直接吹向鸡群。

8. 饲料加工设备有哪些

许多人认为，散养土鸡必须饲喂原粮，但从实际的效果来看，饲喂原粮除省去饲料加工的环节外，鸡的增重效果不是很理想。因此，高效益的养殖生产，还需采用配合饲料，各养鸡场应备有饲料粉碎机和饲料混合机，在喂饲之前对不同饲料原料进行粉碎、混合。

9. 捕捉网、钩如何制作

捉鸡网是用铁丝制成一个圆圈，上面用线绳结成一个浅网，后面连接上一个木柄，适于捕捉鸡只。

捕捉钩是用铁丝弯成“?”形后，安装在木柄上用于捕捉时钩鸡脚。

10. 清洗消毒设施有哪些

为做好鸡场的卫生防疫工作，保证鸡只健康，鸡场必须有完善的清洗消毒设施，包括人员、车辆的清洗消毒和舍内环境的清洗消毒设施。

（1）人员的清洗、消毒设施：一般在鸡场入口处设有人员脚踏消毒池，外来人员和本场人员在进入场区前都应经过消毒池对鞋进行消毒。同时还要放洗手盆，里面放消毒水，出入鸡舍要消毒洗手，还应备有在鸡舍内穿戴的防疫服、防疫帽、防疫鞋等。条件不具备者，可用穿旧的衣服等代替，清洗干净消毒后专门在鸡舍内穿用。

（2）车辆的清洗消毒设施：鸡场的入口处设置车辆消毒设施，主要包括车轮清洗消毒池和车身冲洗喷淋机。

（3）场内清洗、消毒设施：舍内地面、墙面、屋顶及空气的消毒多用喷雾消毒和熏蒸消毒。喷雾消毒采用的喷雾器有背式、手提式、固定式和车式高压消毒器，熏蒸消毒采用熏蒸盆，熏蒸盆最好采用陶瓷盆，切忌用塑料盆，以防火灾发生。

11. 其他用具有哪些

（1）照明设备：饲养雏鸡一般用普通电灯泡照明，灯泡以 15 瓦和 40 瓦为宜，1～6 日龄用 40 瓦灯泡，7 日龄后用 15 瓦灯泡。每 20 平方米使用一个，灯泡高度以 1.5～2 米为宜。若采用日光灯和节能灯可节约用电量 50％以上。

（2）幼雏转运箱：可用纸箱或塑料筐代替，一般高度不低于 25 厘米，如果一个箱的面积较大，可分隔成若干小方块。也可以用木板自己制作，一般长 40 厘米，宽 30 厘米，高 25 厘米。在转运箱的四周钻上通风孔，以增加箱内的空气流通。

（3）运输设备：孵化场应配备一些平板四轮或两轮手推车，运送蛋箱、雏鸡盒、蛋箱及种蛋。

（4）清扫用具：扫帚、粪铲、粪筐或粪车。

（5）集蛋用具：蛋箱、蛋盒或蛋筐。

（6）干湿温度计：一栋鸡舍内至少悬挂 2 支干湿温度计。

（7）饲料贮藏加工间：采用饲喂全价料的方式，鸡场可不设饲料加工房。饲料储存时间不宜过长，按储存 3 天的饲料量计，饲养后期 5000 只鸡每天每只耗料 200 克，则每天耗料 $\frac{200\times5000}{1000}=$ 1000 千克，3 天需 3000 千克，可按储存 5 吨设计以满足需要。

（8）其他设施：药品储备室、门卫室、兽医化验室、解剖室、储粪场所及鸡粪无害化处理设施、配电室及发电房、场区厕所、塑料桶、小勺、料撮、秤（用来称量饲料和鸡体重）、铁锹、叉子、水桶、刷子等可根据需要自行准备。

五、散养期需要的场舍建筑、设备问题

1. 散养场地如何建设

（1）园地建设：放养前，园地要彻底清理干净，在园地内根据散养鸡的数量搭设遮阳棚，供鸡遮阳避雨。然后将放养的园地用尼龙网或不锈钢网围成高1.5米的封闭围栏，每隔2～3米打一根桩柱，将尼龙网捆在桩柱上，靠地面的网边用泥土压实。所圈围场地的面积，要根据饲养数量而定，一般每只鸡平均占地8平方米，围栏尽量采用正方形，以节省网的用量。

土鸡觅食力强，活动范围广，喜欢飞高栖息，啄皮、啄叶，严重影响果树生长和水果品质，所以在水果生长收获期果树主干四周用竹篱笆或渔网圈好。木本粮油树干较高，果实成熟前坚实、可食性差，不会受鸡啄，只在采收前1个月左右禁止鸡入内即可。

（2）大田建设：大田放养地块四周要围上1.5米高的渔网、纤维网或丝网，网眼以鸡不能通过为度。大田放养每亩放养150只左右。

（3）山地、经济林建设：山地、经济林散养鸡，鸡的活动范围不会太远，因此，山地、经济林养鸡可不设置围网。放养规模以每群1500～2000只为宜，放养密度为每亩山地200只左右。

2. 如何建造散养鸡过夜舍

为了避免再建成年鸡过夜舍，育成舍的面积可按成年鸡的数量设计，设计时要留有余地，舍内分段利用。育成舍或产蛋舍无论建成何种样式棚内都必须设置照明设施。

（1）简易棚舍：在散养区找一背风向阳的平地，用油毡、帆布及茅草等借势搭成坐北朝南的简易鸡舍，可直接搭成金字塔形，南边

敞门，另外三边可着地，也可四周砌墙，其方法不拘一格。要求随鸡龄增长及所需面积的增加，可以灵活扩展，棚舍能保温，能挡风。只要不漏雨、不积水即可。或者用竹、木搭成“人”字形框架，两边滴水檐高1米，顶盖茅草，四周用竹片间围，做到冬暖夏凉，鸡舍的大小、长度以养鸡数量而定。

(2)砖混型：在散养区边缘找一背风向阳的平地搭建鸡舍(不宜建在昼夜温差太大的山顶和通风不良、排水不便的低洼地)，鸡舍的走向应以坐北朝南为主，利于采光和保温，大小长度视养鸡数量而定，四面用砖垒成1米高的二四墙，墙根部不要留通气孔，以防鼠或其他小动物钻入鸡舍吃鸡蛋或惊鸡。四道墙上可全部为窗户或用固定上的木杆或砖垛当柱子，空的部分用木栅、帆布、竹子或塑料布围起来，可大大降低建设成本，南边留门便于鸡群晚上归舍和人员进出。

鸡舍的建筑高度2.5～3米，长度和跨度可根据地势的情况和将来散养产蛋鸡晚上休息的占地空间来确定。鸡舍的顶部呈拱形或人字形，顶架最好架成钢管结构或硬质的木板，便于支撑上覆物防止风吹，顶上覆盖物从下向上依次铺设双层的塑料布，油毛毡，稻草垫子，最外层石棉网或竹篱笆压实同时用铁丝在篱笆外面纵横拉紧，以固定顶棚。这样的建筑保暖隔热，挡风又遮雨，冬暖夏凉，且造价低。室内地面用灰土压实，地面上可以铺上垫料，也可以铺粗沙土，厚度要稍高于棚外周围的地势。

(3)塑料大棚鸡舍：塑料大棚鸡舍就是利用塑料薄膜的良好透光性和密闭性建造鸡舍，将太阳能辐射和鸡体自身散发的热量保存下来，从而提高了棚舍内温度。它能人为创造适应鸡正常生长发育的小气候，减少鸡舍不合理的热能消耗，降低鸡的维持需要，从而使更多的养分供给生产。塑料大棚鸡舍的左侧、右侧和后侧为墙壁，前坡是用竹条、木杆或钢筋做成的弧形拱架，外覆塑料薄膜，搭成三面为围墙、一面为塑料薄膜的起脊式鸡舍。墙壁建成夹层，可增强防寒、保温能力，内径在10厘米左右，建墙所需的原料可以是土或砖、石。后坡可用油毡纸、稻草、秫秸、泥土等按常规建造，外面再铺1层稻壳等物。一般来讲，鸡舍的后墙高1.2～1.5米，脊高为2.2～2.5米，跨度为6米，脊到后墙的垂直距离为4米。塑料薄膜与地面、墙的接触处，要用泥土压实，防止贼风进入。在薄膜上每隔50厘米，用绳将薄膜捆牢，防止大风将薄膜刮掉。棚舍内地面可用砖垫起30～40厘米。棚舍的南部要设置排水沟，及时排出薄膜表面滴落的水。棚舍的北墙每隔3米设置一个1米×0.8米的窗户，在冬季时封严，夏季时可打开。门应设在棚舍的东侧，向外开。

3. 如何建造生活区

值班室、仓库、饲料室建在鸡舍旁，方便看管和工作，但要求地势高燥，通风，出水畅通，交通方便。

4. 如何设置产蛋箱(窝)

产蛋鸡的产蛋时间一般比较集中，因此产蛋箱数量要满足需要，否则鸡就会到处下蛋。在鸡舍离门近的一头或两头放活动产蛋箱，可以使用三层产蛋箱，也可以用砖沿山墙两侧砌成35厘米见方的格状，窝中铺上麦秸或稻草。产蛋箱(窝)的数量以3～4只鸡一个为好，产蛋窝要隐蔽一些。

5. 如何设置食槽

在散养鸡舍外墙边防雨的地方或遮雨篷下设置补料料桶或食槽，其规格可按鸡而定，育成鸡用中等桶(盘、槽)，大鸡用大桶(盘、槽)。自制食槽时槽长一般多在1.5～2米，槽上口25厘米，两壁呈直角，壁高15厘米，槽口两边镶上1.5厘米的槽檐，防止鸡蹲上休息(图2-9)。圆木棒与食槽之间留有10厘米左右的空隙，方便鸡头伸进采食。

图 2-9 自制食槽

6. 如何设置饮水设备

饮水设备可以采用水槽、水盆或自动饮水设备。在鸡舍周围可以放置饮水器、盆，保证鸡能不费力气就可以饮到清洁的水。散养期也不要把饮水设备放到鸡舍内，要放到鸡舍外靠墙边的地方或遮雨棚下。注意每天最好刷洗水槽，清除水槽内的鸡粪和其他杂物，让鸡只饮到干净清洁卫生的水。

7. 如何设置栖架

鸡有登高栖息的习性，因此鸡舍内必须设栖架（图 2-10）。栖架由数根栖木组成，栖木可用直径 3 厘米的圆木，也可用横断面为 2.5 厘米×4 厘米的半圆木，以利鸡趾抓住栖木，但不能用铁网或竹架（竹架的弹性很大，鸡又喜欢扎堆生活，时间一长，竹架就被会鸡压变形）。栖架四角钉木桩或用砖砌，木桩高度为 50～70 厘米，最里边一根栖木距墙为 30 厘米，每根栖木之间的距离应不少于 30 厘米。栖木与地面平行钉在木桩上，整个栖架应前低后高，以便清扫，长度根据鸡舍大小而定。栖架应定期洗涤消毒，防止形成“粪钉”，影响鸡栖息或造成趾痛。

也可搭建简易栖架，首先用较粗的树枝或木棒栽2个斜桩，然后顺斜桩上搭横木，横木数量及斜桩长度根据鸡多少而定，最下一根横木距地面不要过近，以避免兽害。

图 2-10　栖架

8. 如何设置围网

选取的场地四周进行围网圈定（图 2-11），围网的面积可以根据鸡只的多少和区域内树木、植被的情况确定。围网方式可采取多种方式，如尼龙网、塑料网、钢网（也可以用竹竿、树干作围栏等），设置的网眼大小和网的高度，以既能阻挡鸡只钻出或飞出又能防止野兽的侵入为宜。围栏每隔2～3米打一根桩柱，将尼龙网捆在桩柱上，靠地面的网边用泥土压实。所圈围场地的面积，以鸡舍为中心半径距离一般不要超过80～100米。鸡可在栏内自由采食，以免跑丢造成损失。运动场是鸡获取自然食物的场所，应有茂盛的果木、树林或花卉，也可以人工种植一些花、草，草可以供鸡只采食，树木可以供鸡只在炎热的夏季遮阴，有利于防止热应激。

图 2-11　围网

9. 如何设置照明系统和补光设施

光照的作用是刺激鸡的性腺发育、维持正常排卵以及使鸡能够进行采食、饮水等各种活动。为了确保散养的鸡尽可能多的产蛋，应给予与集约化笼养一样的光照程序和光照强度。因此鸡舍内应根据散养舍建筑面积的大小和成鸡的光照强度配置照明系统，设置一定量的灯泡。

散养鸡补光的方式和笼养鸡基本相同，根据日照情况确定补光的时间。光照一经固定下来，就不要轻易改变。

10. 如何设置遮阴避雨和通风设施

鸡的体温比较高，在散养状态下能够主动寻找凉快的树阴下避暑，而且可以通过沙浴降温，因此鸡舍内不需要降温设备和风机（风扇）等通风设备。

雨季散养鸡的避雨十分重要，在围栏区内选择地势高燥的地方搭设数个避雨棚，以防突然而来的雷雨。如不搭建避雨棚饲养员可以根据天气的情况通过吹哨把鸡唤回鸡舍。

第三章　鸡的营养需求及饲料相关问题

一、鸡的饲料问题

1. 鸡的营养需求有哪些特点

鸡的生长、发育和生产需要能量、蛋白质、无机盐（包括常量矿物元素和微量矿物元素）、维生素和水等几大类营养物质。

（1）能量：能量维持鸡的生命活动，产蛋和长肉均需能量。能量不足，鸡生长缓慢，长肉和产蛋量下降，而且影响健康，甚至死亡。能量主要来源于日粮中的碳水化合物和脂肪，当蛋白质多余而能量不足时，能分解蛋白质产生能量。

①碳水化合物：淀粉、糖在谷物、薯类中含量较高；纤维在糠、麸类和青料中较多，是鸡的主要能量来源。当供给过多时，一部分碳水化合物在鸡体内转化成脂肪。鸡对纤维的消化能力较低，但纤维过少易发生便秘和啄肛等。

②脂肪：脂肪的能量含量是碳水化合物的2.25倍。机体各部和蛋内都含有脂肪，一定数量的脂肪对鸡的生长发育、成鸡的产蛋和饲料利用率均有良好的效果。日粮中的脂肪过多，使鸡过肥，会影响产蛋。脂肪中的亚油酸必须由饲料供给，玉米中通常含有足够的亚油酸。

（2）蛋白质：蛋白质是生命活动的基础，是构成机体的主要物质，肌肉、血液、内脏、羽毛、酶、激素和抗体均含有蛋白质。蛋白质也是鸡生长、产蛋以及细胞不断更新的重要原料。

鸡对蛋白质的需要，不仅是数量更重要的是质量。蛋白质营养价值的高低，取决于氨基酸的种类和含量，鸡能合成的氨基酸称为非必须氨基酸，由饲料供给的氨基酸为必须氨基酸，主要是赖氨酸、蛋氨酸、色氨酸等。赖氨酸和蛋氨酸在一般饲料中含量较少。

（3）水：水在生命活动中起着重要作用，缺水使鸡食欲不振，生长缓慢，产蛋量减少，严重失水可致死亡。

（4）维生素：维生素分脂溶性维生素和水溶性维生素。脂溶性维生素有维生素 A、维生素 D、维生素 E 和维生素 K；水溶性维生素有硫胺素、核黄素、烟酸、吡醇素、泛酸、生物素、胆碱、叶酸和维生素 B_{12} 等 13 种维生素，必须从日粮中供给。而硫胺素和吡醇素在饲料中含量丰富，无需特别注意。

（5）矿物质：鸡所需要的矿物质分常量元素和微量元素两大类。常量元素较多，主要有钙、磷、钠、氯、钾、镁、硫；微量元素种类很多，主要有锰、锌、铁、铜、钴、碘、硒、氟等，鸡对微量元素需要量极少，但生理作用较大。

2. 鸡的能量饲料有哪些

能量饲料是指富含碳水化合物和脂肪的饲料，具体是指干物质中粗纤维含量在 18%以下，粗蛋白质含量在 20%以下的饲料。能量饲料主要包括玉米、高粱、谷子、碎米、块根（茎）类、麦麸、米糠、糟渣类饲料、油脂（植物油和动物油两类）等。

3. 鸡的蛋白质饲料有哪些

蛋白质饲料一般指饲料干物质中粗蛋白质含量在 20%以上，粗纤维含量在 18%以下的饲料。蛋白质饲料主要包括植物性蛋白质饲料和动物性蛋白质饲料及酵母。植物性蛋白质饲料主要有豆饼(粕)、花生饼、葵花饼、芝麻饼、菜籽饼、棉籽饼等,动物性蛋白质饲料主要有鱼粉、肉骨粉、蚕蛹粉、血粉、羽毛粉及人工培育的黄粉虫、蚯蚓、蝇蛆等。

4. 鸡的青绿饲料有哪些

常见的青饲料有白菜、甘蓝、野菜(如苦荬菜、鹅食菜、蒲公英等)、苜蓿草、洋槐叶、胡萝卜、牧草等。冬春季没有青绿饲料,可喂苜蓿草粉、洋槐叶粉、秋针粉或芽类饲料,同样会收到良好效果。芹菜是一种良好的喂鸡饲料,每周喂芹菜 3 次,每次 50 克左右。用南瓜作辅料喂母鸡,产蛋量可显著增加,且蛋大、孵化率高。

5. 鸡的粗饲料有哪些

我国有丰富的林业资源,树叶数量大,除少数外,大多数都可饲用。树叶营养丰富,经加工调制后,能做畜禽的饲料。各类叶粉含有一定量的蛋白质和较高的维生素,尤其是胡萝卜素含量很高,对鸡的生长有明显的促进作用,并能增强鸡的抗病力,提高饲料的利用率。据报道,叶粉可直接饲喂或添加到混合饲料中喂鸡,能提高蛋黄的色泽,产蛋率可提高 13.8%,并能提高雏鸡的成活率,每只鸡在整个生长期内节省饲料 1.25 千克。饲喂时应周期性地饲用,连续饲喂 15～20 天,然后间断 7～10 天。

6. 水对鸡的重要性有哪些

水也是鸡体不可缺少的养分,在生命活动中起着非常重要的作用。水直接参与养分的消化吸收、代谢产物的排泄、血液循环、体温调节、保持体液的平衡和各种器官形态等一系列生理生化过程。水在血中占有一定比例,在雏鸡体内含水约为 70%,成鸡为 55%,鸡蛋中含水 50%。因此,水是最重要的一种营养物质。

鸡的需水量随鸡的日龄、体重、饲料类型、饲养方式、气温以及产蛋率不同而异。一般 3～4 周龄的雏鸡耗水量大约为体重的 18%～20%，产蛋母鸡为 14%，炎夏约增至 3～4 倍。一般来说饮水量大约为采食量的 2 倍。

养鸡必须充足供水。当鸡缺水时会出现循环障碍、体温升高、代谢紊乱，使饲料消化不良，鸡的生长和产蛋均受影响；鸡体严重失水时可致死亡。试验说明，雏鸡断水 10～12 小时，会使采食量减少，还可能影响增重；产蛋鸡断水 24 小时能使产蛋下降 30%，约经 25～30 天才能恢复正常的产蛋量。

在日常管理中要注意细心观察鸡群饮水量，分析原因，即早采取措施。如疾病出现时，一般饮水减少比采食减少早 1～2 天；当日粮中食盐过多，鸡的饮水量会大增。饮水量可因疾病而有增减。

7. 鸡需要的维生素有哪些

维生素在鸡生长、产蛋和维持体内正常物质代谢中起重要作用。鸡对维生素需要量甚微，但大多数维生素在体内不能合成，有的虽能合成，但不能满足需要，必须从饲料中摄取。维生素缺乏时，会造成物质代谢紊乱，影响鸡的生长、产蛋或受精率、孵化率不高等。

比较容易缺乏的维生素有 13 种，其中脂溶性维生素 4 种，水溶性维生素 9 种。脂溶性维生素中以维生素 A 和维生素 D 更易缺乏；水溶性维生素中，以硫胺素（维生素 B_1）和核黄素（维生素 B_2）尤易缺乏。

散养鸡时，各种青饲料如白菜、通心菜、甘蓝，无毒的野菜，青嫩的牧草和树叶等都是鸡维生素的主要来源。

8. 鸡需要的矿物质有哪些

矿物质是鸡生长发育必不可少的物质，缺少时鸡体质衰弱易感染疾病，尤其是产蛋鸡不能缺钙，否则易患软骨病，下软壳蛋。

矿物质中钙、磷、钠等元素的作用最大，必须注意补足矿物质饲料。常见矿物质饲料有蛋壳粉、骨粉、贝壳粉、石灰粉、木炭粉、沙粒、草木灰、食盐等。

二、部分鸡饲料原料的选购问题

1. 如何鉴别豆饼或豆粕品质的优劣

优质的机榨豆饼或豆粕含水 11%以下，呈金黄色，稍次些的是黯黄色(隔年的陈豆饼因存放时间长，颜色也较黯)；劣质豆饼青绿色或黑绿色，常夹有青绿色的豆粒，这是由未成熟的黄豆加工而成的，此种豆饼营养缺乏。

优质机榨豆饼破碎后，常呈鳞片状，有较大的香味；次质或劣质豆饼坚硬如石，不易破碎，无香味。整块的陈年豆饼边缘风蚀严重，用手轻轻一搓，就有很多粉末掉下来；用粉碎机粉碎后，成粉面状。这样的豆饼营养损失大，使用价值低。

掺玉米胚饼的豆饼香味也很浓，但抓在手里，手感较轻，仔细辨认可发现玉米皮和胚块；浸入水中后，上面会飘浮很多的玉米皮和玉米胚块。

掺沙子的豆饼，从外观上不易辨认，但抓到手里后，手感较重，仔细观察，可发现沙粒；浸入水中充分浸泡，然后轻轻搅动底部会沉积一层细沙或小石块。

2. 如何鉴别骨粉的优劣

目前，市场上所售骨粉主要有脱胶骨粉、蒸骨粉和生骨粉等三种。脱胶骨粉经高温解决，已除去了骨髓和脂肪，该产品质量好，保留期长不易变质，而蒸骨粉和生骨粉因未脱胶，品质差保留期短并易变质。尤其是生骨粉，因未经过高温灭菌，并含有致病微生物，不宜饲喂畜禽。鉴别骨粉的优劣可采用以下方法：

（1）肉眼观察法：纯正的骨粉为灰白色粉末状或颗粒状，部分颗粒呈蜂窝状，掺假的仅有少许蜂窝状，假的完全没有蜂窝状颗粒，掺贝壳粉的骨粉色泽发白。

（2）清水浸泡法：真骨粉颗粒在水中浸泡不溶解，而假骨粉颗粒能被水分解成粉状，与水混杂后静置又很快积淀。蒸骨粉和生骨粉的细粉可漂浮于清水表面，搅拌也不下沉，而（真）脱胶骨粉的漂浮物很少。

（3）饱和盐水漂浮法：纯真骨粉颗粒可漂浮于浓盐水表面，而假骨粉颗粒不能在浓盐水表面漂浮，并快速沉入水底。

（4）焚烧法：将少量骨粉样品放入金属容器内（小勺），置火焰上焚烧，纯真骨粉先产生蒸汽，此后产生刺鼻的烧毛味道；而掺杂骨粉所产生的蒸汽和味道相对少；假骨粉则无蒸汽和味道产生；未脱胶的变质骨粉有异臭味。脱胶骨粉的骨灰呈灰黑色，蒸骨粉和生骨粉的骨灰呈墨黑色，而假冒粉的灰粉呈灰白色。

3. 如何鉴别鱼粉的优劣

鱼粉是动物性蛋白质饲料的主要来源。由于我国生产鱼粉的原料紧缺，加上鱼粉内在质量不易鉴别，因而掺杂掺假现象严重，市场较混乱。购买鱼粉可采用以下几法仔细辨别，谨防上当。

（1）优质鱼粉：优质鱼粉多为黄白色、黄褐色或红褐色，呈粉状（有些也呈颗粒状）。鱼粉表面干燥无油腻，手摸或手捏时有梗手感，闻时有较浓的烤鱼香味，并略带鱼油腥味，无鱼臭异味和烤鱼焦灼味。细看粉体，应无生虫、霉变现象。

（2）劣质鱼粉：常见的劣质鱼粉有因加工或贮藏不当引起发霉、生虫、脂肪氧化或蛋白变性等；有些鱼粉烧焦，其色红中带黑，外观失去光泽，有碳化感，闻时有焦糊味；有些鱼粉中的脂肪含量过高，且脂肪发生热化，其色深褐，油腻感较重，有油臭味和涩味，鸡不爱摄食;贮藏过久的鱼粉,其蛋白质变性,闻时有氨臭味等情况。

(3)掺假鱼粉:掺假鱼粉多为稻壳粉、棉籽饼、羽毛粉、血粉、虾壳粉、贝壳粉等动植物原料掺杂而成。其色多为灰白色或灰黄色,光泽不强,鱼腥味较浓而不香,纤维状物质较多,初看似灰渣。用手捏易成团,放在地上重压易结块,久置也易结块。

(4)咸鱼粉:咸鱼粉多由海里的咸水鱼加工制作而成,因其成品中有较重的氯化钠含量,不能用作鸡饲料。包装咸鱼粉的袋上,一般都有白色的渗盐线条。闻时腥味浓烈,尝时有很强的咸味。

4. 如何鉴别棉、菜籽饼(粕)

棉、菜籽饼粕都是较廉价的蛋白质饲料。因其价格较低,一般掺假较少,需要注意的是其本身质量和毒性。

棉籽饼粕是棉籽去掉棉绒提取油后的残渣,棉籽的含油量与大豆大致相同。棉籽饼粕在显微镜下,可以看到棉籽外壳碎片上附有半透明、有光泽、白色的纤维,壳褐色至深褐色,厚而韧,沿边有淡褐色和深褐色类似阶梯状的色层。检验时应注意棉绒的含量。

菜籽饼粕由菜籽榨油残渣加工而成,质脆易碎,颜色较棉籽饼粕稍深,在显微镜下,可见种皮碎片互相分离,种皮薄,硬度较棉籽壳差,外表面红褐或近棕黄色,质地脆,无光泽。

5. 如何鉴别麸皮质量

掺假麸皮中常掺有稻糠、花生糠、锯末、滑石粉、钙粉等。鉴别方法是用手轻轻敲打装有麸皮的包装,如果有细小白色粉末弹出来,就证明掺有滑石粉或钙粉;用手插入麸皮中,再抽出,如果手上沾有白色粉末,容易抖落的是残余面粉,不易抖落的是滑石粉、钙粉;用手抓起一把麸皮使劲擦,如果成团,则为纯正麸皮,如果手有涨的感觉，就怀疑有稻壳、锯末、花生壳糠等。

三、饲料的加工调制问题

1. 能量饲料如何加工

能量饲料的营养价值和消化率一般都比较高，但是能量饲料籽实的种皮、壳、内部淀粉粒的结构等，都能影响其消化吸收，所以能量饲料也需经过一定的加工，以便充分发挥其营养物质的作用。常用的方法是粉碎，但粉碎不能太细，一般加工成直径 2～3 毫米的小颗粒为宜。

能量饲料粉碎后，与外界接触面积增大，容易吸潮和氧化，尤其是含脂肪较多的饲料，容易变质发苦，不宜长久保存。因此，能量饲料一次粉碎数量不宜太多。

2. 蛋白质饲料如何加工

蛋白质饲料包括棉籽饼、菜籽饼、豆饼、花生饼粕、花生饼、亚麻仁等。这类副产品由于粗纤维含量高，作为鸡饲料营养价值低，适口性差，需要进行处理。

(1)棉籽饼可通过以下几种方法去毒

①硫酸亚铁石灰水混合液去毒：100 千克清水中放入新鲜生石灰 2 千克，充分搅匀，去除石灰残渣，在石灰浸出液中加入硫酸亚铁（绿矾）200 克，然后投入经粉碎的棉籽饼 100 千克，浸泡 3～4 小时。

②硫酸亚铁去毒：可在粉碎的棉籽饼中直接混入硫酸亚铁干粉，也可配成硫酸亚铁水溶液浸泡棉籽饼。取 100 千克棉籽饼粉碎，用 300 千克 1%的硫酸亚铁水溶液浸泡，约 24 小时后，水分完全浸入棉籽饼中，便可用于喂鸡。

③尿素或碳酸氢铵去毒：以1%尿素水溶液或2%的碳酸氢铵水溶液与棉籽饼混拌后堆沤。一般是将粉碎过的100千克棉籽饼与100千克尿素溶液或碳酸氢铵溶液放在大缸内充分拌匀，然后倒在地上摊成20～30厘米厚的堆，地面先铺好薄膜，堆周用塑料膜严密覆盖。堆放24小时后，扒堆摊晒，晒干即可。

④加热去毒：将粉碎过的棉籽饼放入锅内加水煮沸2～3小时，可部分去毒。此法去毒不彻底，故在日粮中混入量不宜太多，以占日粮的5%～8%为佳。

⑤碱法去毒：将2.5%的氢氧化钠水溶液，与粉碎的棉籽饼按1∶1重量混合，加热至70～75℃，搅拌30分钟，再按湿料重的15%加入浓度为30%的盐酸，继续控温在75～80℃，30分钟后取出干燥。此法去毒彻底，一般不含棉酚。

⑥小苏打去毒：以2%的小苏打水溶液在缸内浸泡粉碎后的棉籽饼24小时，取出后用清水冲洗2次，即可达到去毒目的。

(2)菜籽饼去毒法

①土埋法：挖1立方米容积的坑(地势要求干燥、向阳)，铺上草席，把粉碎的菜籽饼加水(饼水比为1∶1)浸泡后装入坑内，2个月后即可饲用。

②硫酸亚铁法：按粉碎饼重的1%称取硫酸亚铁，加水拌入菜籽饼中，然后在100℃下蒸30分钟，再放至鼓风干燥箱内烘干或晒干后饲用。

③硫酸钠法：将菜籽饼掰成小块，放入0.5%的硫酸钠水溶液中煮沸2小时左右，并不时翻动，熄火后添加清水冷却，滤去处理液，再用清水冲洗几遍即可。

④浸泡煮沸法：将菜籽饼粉碎，把粉碎后的菜籽饼放入温水中浸泡10～14小时，倒掉浸泡液，添水煮沸1～2小时即可。

(3)豆饼(粕)去毒法：一般采用加热法。将豆饼(粕)在温度110℃下热处理3分钟即可。

(4)花生饼(粕)去毒法:一般采用加热法。在120℃左右,热处理3分钟即可。

(5)亚麻仁饼去毒法:一般采用加热法。将亚麻仁饼用凉水浸泡后高温蒸煮1～2小时即可。

3. 青绿饲料如何加工

(1)切碎法:切碎法是青绿饲料最简单的加工方法,常用于养鸡少的农户。青绿饲料切碎后,有利于鸡吞咽和消化。

(2)干燥法:青绿饲料经干燥粉碎加工后,可供作配合鸡饲料的原料,以补充饲料中的粗纤维、维生素等营养。

青绿饲料收割期禾本科由抽穗至开花,豆科从初花至盛花,树叶类在秋季。其干燥方法可分为自然干燥和人工干燥。

自然干燥是将收割后的青绿饲料在原地暴晒5～7小时,当水分含量降至30%～40%时,再移至避光处风干,待水分降至16%～17%时,就可以上垛或打包贮存备用。堆放时,在堆垛中间要留有通气孔。我国北方地区,干草含水量可在17%限度内贮存,南方地区应不超过14%。树叶类青绿饲料的自然干燥,应放在通风好的地方阴干,要经常翻动,防止发热和日晒,以免影响产品质量。待含水量降到12%以下时,即可进行粉碎。

人工干燥的方法有高温干燥法和低温干燥法两种。高温干燥法在800～1100℃下经过3～5秒钟,使青绿饲料的含水量由60%～85%降至10%～12%;低温干燥法以45～50℃处理,经数小时使青绿饲料干燥。

青绿饲料的人工干燥,可以保证青绿饲料随时收割、随时干燥、随时加工成草粉,可减少霉烂,制成优质的干草或干草粉,能保存青绿饲料养分的90%～95%。而自然干燥只能保持青绿饲料养分的40%,且胡萝卜素损失殆尽。但人工干燥工艺要求高,技术性强,且需一定的机械设备及费用等。

4. 叶粉类饲料如何加工

各类叶粉含有一定量的蛋白质和较高的维生素，尤其是胡萝卜素含量很高，对鸡的生长有明显的促进作用，并能增强鸡的抗病力，提高饲料的利用率。各类叶粉加工方法如下：

(1)榆树叶粉：榆树叶粉中粗蛋白质含量达15%以上，还含有丰富的胡萝卜素和维生素E。春、夏季节采集榆树叶，于阴凉通风处晾晒干，之后磨成粉状，即可饲用。

(2)紫穗槐叶粉：紫穗槐叶含粗蛋白质约20%～25%，还含有丰富的胡萝卜素和维生素。一般在6～9月份采集紫穗槐叶，晾晒干后粉碎备用。

(3)洋槐叶粉：洋槐叶含粗蛋白质20%以上，并含有多种维生素，是鸡良好的蛋白质和维生素饲料。春、夏季节采集洋槐叶，于阴凉通风处晾晒干，磨成粉状即可饲用。洋槐叶味较苦，如添加量过大，反而会影响鸡的采食量。

(4)桑叶粉：桑叶粉中蛋白质含量可达20%以上，可作为鸡的蛋白质补充饲料。将桑叶采集后自然干燥，加工成粉状，即可饲用。

(5)松针叶粉：松针叶粉含有多种维生素、胡萝卜素、生长激素、粗蛋白质、粗脂肪和植物抗生素，是理想的鸡饲料添加剂。采集幼嫩松针枝叶，摊在竹帘或苇帘上，厚度5厘米，在阴凉处自然干燥后加工成粉状。加工好的叶粉须用有色塑料袋包装，阴凉保存。在雏鸡日粮中添加2%松针叶粉，可提高抗病力和成活率；在蛋鸡日粮中添加5%，可明显提高产蛋量，还可以节约饲料。

(6)苜蓿草粉：含粗蛋白质15%～20%，用量可占2%～5%。

5. 如何培育动物性蛋白质饲料

散养鸡以食青草、树叶、草籽、树种、各类昆虫为主，适当补饲饲料为辅，因此，鸡的生长发育可能缺乏蛋白质。为补充散养鸡蛋白质不足，可在养殖区附近人工养殖昆虫以供鸡采食。

傍晚补饲期间，在鸡棚附近安装几个电灯照明，这样昆虫就会从四面八方飞来，被等候在灯下的鸡群当夜餐吃掉。鸡吃饱之后，将电灯关闭。

另外，还可通过简易培育法获得，若大量培育请参考相关书籍。

(1)马粪育虫：在较潮湿的地方挖一长、宽各1～2米、深0.3米的土坑，底铺一层碎杂草，草上铺一层马粪，粪上再撒一层麦糠，如此一层一层铺至坑满为止，最后盖层草，坑中每天浇水1次，经1周左右即生虫。

(2)豆腐渣育虫：把1～2千克豆腐渣倒入缸内，再倒入一些洗米水，盖好缸口，过5～6天即生虫，再过3～4天即可让鸡采食蛆虫。

(3)米糠育虫：在角落处堆放两堆米糠，分别用草泥(碎草与稀泥巴混合而成)糊起来，数天后即生虫，轮流让鸡采食，食完后再将麦糠等集中成堆照样糊草泥，又可生虫。

(4)猪粪发酵育虫：每500千克猪粪晒至七成干后加入20%肥泥和3%麦糠或米糠拌匀，堆成堆后用塑料薄膜封严发酵7天左右。挖一深50厘米土坑，将以上发酵料平铺于坑内30～40厘米厚，上用青草、草帘、麻袋等盖好，保持潮湿，20天左右即生蛆、虫、蚯蚓等。

(5)稻草育虫：挖宽0.6米、深0.3米的长方形土坑，将稻草切成6～7厘米长，用水煮1～2小时，捞出倒入坑内，上面盖上6～7厘米厚的污泥(水沟泥或塘泥等)、垃圾等，最后再用污泥压实，每天浇一盆洗米水，约8天即生虫，翻开让鸡啄食即可，食完后再盖好污泥等照样浇洗米水，可继续生虫。

(6)腐草育虫：在较肥地挖宽约1.5米、长1.8米、深0.5米的土坑，底铺一层稻草，其上铺一层豆腐渣，然后再盖层牛粪，粪上盖一层污泥，如此铺至坑满为止，盖草，1 周即生虫。

(7)牛粪育虫：在牛粪中加入 10%米糠和 5%麦糠拌匀，堆在阴凉处，上盖杂草，秸秆等，用污泥密封，过 20 天即生虫。

四、饲料的配方问题

1. 可选择育雏期(幼雏)饲料配方有哪些

(1)以玉米、豆饼、鱼粉为主要原料的补饲配方

配方 1：玉米 62%，麸皮 10%，豆饼 17%，国产鱼粉 9%，骨粉 2%。

配方 2：玉米 64%，麸皮 7%，豆饼 14%，进口鱼粉 9%，苜蓿粉 4%，骨粉 2%。

配方 3：玉米 62.8%，小米 6%，麸皮 8.95%，豆饼 8.5%，进口鱼粉 9%，苜蓿粉 3%，石粉 1.5%，食盐 0.25%。

配方 4：玉米 58.25%，麸皮 9%，豆饼 20%，进口鱼粉 7%，苜蓿草粉 3%，骨粉 2.45%，食盐 0.30%。

配方 5：玉米 51%，高粱 10%，大麦 5%，麸皮 4.4%，豆饼 15%，槐叶粉 3%，进口鱼粉 10%，骨粉 1%，蛎粉 0.3%，食盐 0.3%。

(2)以饼粕类为主要蛋白质来源的补饲配方

配方 1：玉米 63.6%，豆饼 19.8%，葵花仁饼 8.8%，国产鱼粉 6%，骨粉 1.5%，食盐 0.3%。

配方 2：玉米 54%，高粱 8%，大麦 5%，豆饼 18%，菜籽饼 3%，棉籽饼 3%，苜蓿草粉 2%，进口鱼粉 4%，骨粉 0.75%，脱氟磷酸氢钙 2%，食盐 0.25%。

配方 3：玉米 57.5%，豆饼 15%，菜籽饼 5%，棉籽饼 5%，葵花

仁饼10%,国产鱼粉4%,骨粉2%,脱氟磷酸氢钙1.5%。

配方4:糙米、碎米65%,豆饼9.5%,菜籽饼4.1%,棉籽饼7.4%,芝麻饼8.5%,进口鱼粉3%,骨粉1%,石粉1.1%,食盐0.4%。

配方5:玉米37%,小麦30.1%,豌豆4%,蚕豆3%,菜籽饼4%,鱼粉5%,血粉1.5%,肝渣1.5%,蚕蛹11%,磷酸氢钙2%,添加剂0.5%,食盐0.4%。

(3)无鱼粉补饲配方

配方1:玉米59.1%,麸皮10%,豆饼18%,棉籽饼10%,骨粉1.5%,石粉1%,食盐0.4%。

配方2:玉米62.5%,麸皮5.5%,豆饼23%,亚麻籽饼4.5%,苜蓿草粉3%,骨粉1.3%,食盐0.2%。

配方3:玉米55.5%,麸皮12%,米糠饼5%,豆饼20.7%,槐叶粉2%,骨粉1.5%,石粉1%,添加剂2%,食盐0.3%。

配方4:玉米64.9%,麸皮4.1%,豆饼16.2%,棉籽饼10%,骨粉1.5%,石粉1%,添加剂2%,食盐0.3%。

配方5:玉米60%,麸皮10%,豆饼23%,血粉4%,骨粉2.4%,其他添加剂0.2%,食盐0.4%。

2. 可选择育成期饲料配方有哪些

(1)育成前期(中雏)补饲配方

①以玉米、豆饼、鱼粉为主的补饲配方

配方1:玉米54.2%,高粱8%,大麦10%,麸皮11%,豆饼7.5%,进口鱼粉5.5%,骨粉1.5%,石粉1%,复合添加剂1%,食盐0.3%。

配方2:玉米66.6%,麸皮14.4%,豆饼7.8%,苜蓿草粉2%,鱼粉6%,骨粉1%,石粉1%,磷酸氢钙1%,食盐0.2%。

配方3:玉米66%,麸皮6.5%,豆饼9%,苜蓿草粉6.5%,鱼粉9%，骨粉1%，石粉1%，磷酸氢钙1%。

配方4：玉米66.7%，麸皮13%，豆饼8.7%，苜蓿草粉3.9%，鱼粉6%，无机盐添加剂1.5%，食盐0.2%。

配方5：玉米60.25%，高粱8%，大麦5%，麸皮6%，豆饼13%，苜蓿草粉2%，鱼粉4%，骨粉1.5%，食盐0.25%。

②利用其他饼粕类代替部分豆饼的补饲配方

配方1：玉米70%，麸皮5.8%，亚麻籽饼14%，苜蓿草粉2%，鱼粉6%，骨粉1%，石粉1%，食盐0.2%。

配方2：玉米62.5%，高粱8%，大麦5%，棉籽饼7.5%，菜籽饼7%，苜蓿草粉2%，鱼粉5.25%，骨粉1.5%，磷酸氢钙1%，食盐0.25%。

配方3：玉米69.55%，高粱10%，大麦4%，麸皮1%，棉籽饼4.5%，菜籽饼6%，苜蓿草粉2.5%，骨粉0.7%，磷酸氢钙1.5%，食盐0.25%。

③无鱼粉补饲配方

配方1：玉米67%，麸皮7.8%，豆饼11%，亚麻籽饼10%，苜蓿草粉2%，骨粉1%，石粉1%，食盐0.2%。

配方2：玉米68%，麸皮2%，菜籽饼12%，亚麻籽饼12%，苜蓿草粉3.8%，骨粉1%，石粉1%，食盐0.2%。

配方3：玉米55.1%，麸皮21%，豆饼19%，血粉0.8%，骨粉2.5%，虾粉1%，无机盐添加剂0.2%，食盐0.4%。

配方4：玉米69.5%，麸皮6.25%，豆饼5%，棉籽饼5%，花生饼5%，苜蓿草粉6.5%，骨粉0.5%，磷酸氢钙1.9%，食盐0.35%。

配方5：玉米66%，麸皮13.63%，豆粕17%，磷酸氢钙1.4%，石粉1.1%，食盐0.37%，预混料0.5%。

(2)育成后期(大雏)补饲配方

①以玉米、豆饼、鱼粉为主要原料的配方

配方1：玉米53.2%，高粱10%，大麦5%，麸皮10%，豆饼6%，鱼粉3%，槐叶粉10%，骨粉2%，蛎粉0.5%，食盐0.3%。

配方2：玉米53.2%，高粱10%，大麦5%，麸皮10%，豆饼6%，鱼粉3%，槐叶粉10%，骨粉2%，蛎粉0.5%，食盐0.3%。

配方3：玉米64.1%，麸皮16%，豆饼5%，苜蓿干草粉9.6%，鱼粉3%，无机盐2%，食盐0.3%。

配方4：玉米67%，麸皮15%，豆饼1.3%，苜蓿干草粉11.8%，鱼粉2.6%，骨粉2%，食盐0.3%。

配方5：玉米62%，麸皮18%，豆饼7%，槐叶粉8%，鱼粉2%，骨粉1.5%，石粉1.2%，食盐0.3%。

②利用其他饼粕代替大豆饼的补饲配方

配方1：玉米70%，豆饼9%，亚麻籽饼9%，苜蓿草粉5.3%，鱼粉4.5%，骨粉1%，石粉1%，食盐0.2%。

配方2：玉米66.25%，高粱8%，大麦5%，麸皮4.5%，豆饼2.5%，棉籽饼2%，菜籽饼2%，苜蓿草粉3%，鱼粉4%，骨粉1.5%，磷酸氢钙1%，食盐0.25%。

配方3：玉米68%，高粱8%，大麦5%，麸皮2%，棉籽饼5%，菜籽饼5%，苜蓿草粉3%，鱼粉2%，骨粉1.5%，磷酸氢钙0.25%，食盐0.25%。

③无鱼粉补饲配方

配方1：玉米68%，麸皮6.8%，豆饼7.5%，亚麻籽饼7.5%，苜蓿草粉8%，骨粉1%，石粉1%，食盐0.2%。

配方2：玉米69.3%，高粱10%，大麦4%，麸皮1%，棉籽饼4.5%，菜籽饼6%，苜蓿草粉2.5%，骨粉0.95%，磷酸氢钙1.5%，食盐0.25%。

配方3：玉米55.1%，麸皮21%，豆饼19%，骨粉2.5%，血粉0.8%，虾粉1%，无机盐0.2%，食盐0.4%。

配方4：玉米73.5%，麸皮9%，豆饼2%，棉籽饼2%，花生饼

2%，苜蓿草粉 9%，骨粉 0.65%，磷酸氢钙 1.5%，食盐 0.35%。

配方 5：玉米 63.6%，麸皮 20%，豆饼 3.5%，棉籽饼 10%，骨粉 1.5%，石粉 1%，食盐 0.4%。

3. 可选择产蛋期补饲配方有哪些

(1)以玉米、豆饼、鱼粉为主的补饲配方

配方 1：玉米 51.7%，高粱 5%，大麦 9%，豆饼 15%，槐叶粉 5%，鱼粉 5.5%，骨粉 2%，蛎粉 6.5%，食盐 0.3%。

配方 2：玉米 74.6%，豆饼 10.56%，苜蓿草粉 4%，鱼粉 2.5%，肉骨粉 1%，石粉 5.44%，磷酸氢钙 1.5%，食盐 0.4%。

配方 3：玉米 67.13%，麸皮 8%，豆饼 8%，鱼粉 8%，骨粉 1.5%，石粉 7%，食盐 0.37%。

配方 4：玉米 52%，麸皮 20%，豆饼 15%，葵花子饼 5%，鱼粉 2%，贝壳粉 5.7%，食盐 0.3%。

配方 5：玉米 62.7%，豆饼 20%，花生饼 5%，鱼粉 3%，骨粉 1.6%，石粉 7.4%，食盐 0.3%。

(2)无鱼粉补饲配方

配方 1：玉米 40.5%，高粱 7%，麸皮 12%，米糠 3%，豆饼 29.5%，骨粉 2.5%，贝壳粉 5%，食盐 0.5%。

配方 2：玉米 41%，高粱 10%，麸皮 10%，米糠 8%，豆饼 24%，骨粉 2.5%，贝壳粉 4%，食盐 0.5%。

配方 3：玉米 63.65%，麸皮 1%，胡麻籽饼 3%，黄豆 25%，贝壳粉 5%，磷酸氢钙 2%，食盐 0.35%。

配方 4：玉米 64%，麸皮 2%，豆饼 13.25%，葵花子饼 10%，骨粉 2.5%，石粉 8%，食盐 0.25%。

配方 5：玉米 54%，麸皮 20%，棉籽饼 3%，菜籽饼 3%，酒糟 10%，蚕蛹粉 5%，骨粉 3.5%，添加剂 1%，食盐 0.5%。

4. 鸡饲料可加工成哪些形状

配合鸡饲料有粒料、粉料、颗粒饲料和碎料四种。

(1)粒料:指保持原来形状的谷粒或加工打碎后的谷物饲料。

(2)粉料:指谷物磨粉后加上糠麸、鱼粉、矿物质粉末等混合而成的粉状饲料。粉料的营养完善、鸡不易挑食。但粉料适口性差一些,容易飞散,造成浪费。

(3)颗粒饲料:指将已配合好的粉料用颗粒机制成直径为2.5～5.0毫米的颗粒。颗粒饲料营养完善,适口性强,鸡无法挑选,能避免偏食,防止浪费。颗粒饲料适于商品土鸡育肥,产蛋鸡一般不宜喂颗粒饲料。

(4)碎料:指将制成的颗粒再经加工破碎的饲料,适于产蛋鸡和各种周龄的雏鸡喂用。

五、饲料的贮藏问题

1. 如何贮藏玉米

玉米主要是散装贮藏,一般立筒仓都是散装。立筒仓虽然贮藏时间不长,但因玉米厚度高达几十米,水分应控制在14%以下,以防发热。不是立即使用的玉米,可以入低温库贮藏或通风贮藏。若是玉米粉,因其空隙小,透气性差,导热性不良,不易贮藏。如水分含量稍高,则易结块、发霉、变苦。因此,刚粉碎的玉米应立即通风降温,装袋码垛不宜过高,最好码成井字垛,便于散热,及时检查,及时翻垛,一般应采用玉米籽实贮藏,需配料时再粉碎。

其他籽实类饲料贮藏与玉米相仿。

2. 如何贮藏饼粕

饼粕类由于本身缺乏细胞膜的保护作用。营养物质外露，很容易感染虫、菌。因此，保管时要特别注意防虫、防潮和防霉。入库前可使用磷化铝熏蒸，用敌百虫、林丹粉灭虫消毒。仓底铺垫也要彻底做好，最好用砻糠作垫底材料。垫糠要干燥压实，厚度不少于 20 厘米，同时要严格控制水分，最好控制在 5%左右。

3. 如何贮藏麦麸

麦麸破碎疏松，孔隙度较面粉大，吸潮性强，含脂量多(多达 5%)，因而很容易酸败、霉变和生虫，特别是夏季高温潮湿季节更易霉变。贮藏麦麸在 4 个月以上，酸败就会加快。新出机的麦麸应把温度降至 10～15℃再入库贮藏，在贮藏期要勤检查，防止结露、吸潮、生霉和生虫。一般贮藏期不宜超过 3 个月。

4. 如何贮藏米糠

米糠脂肪含量高，导热不良，吸湿性强，极易发热酸败，贮藏时应避免踩压，入库时米糠要勤检查、勤翻、勤倒，注意通风降温。米糠贮藏稳定性比麦麸还差，不宜长期贮藏，要及时推陈贮新，避免损失。

5. 如何贮存叶粉

叶粉要用塑料袋或麻袋包装，防止阳光中紫外线对叶绿素和维生素的破坏。另外，贮存场所应保持清洁、干燥、通风，以防吸湿结块。在良好的贮存条件下，针叶粉可保存 2～6 个月。

6. 如何贮藏配合饲料

配合饲料的种类很多，包括全价饲料、预混饲料、浓缩饲料等。

这些饲料因内容物不一致，贮藏特性也各不相同；因料型不同，贮藏性也有差异。

全价颗粒饲料，因经蒸气加压处理，能杀死绝大部分微生物和害虫，而且孔隙度大，含水量较少，淀粉膨化后把维生素包裹，因而贮藏性能极好，短期内只要防潮，贮藏不易霉变，也不易因受光的影响而使维生素破坏。

全价粉状配合料大部分是由谷类籽实粉组成，表面积大，孔隙度小，导热性差，容易吸潮发霉。其中维生素因高温、光照等因素而造成损失。因此，全价粉状配合料一般不宜久放，贮藏时间最好不要超过 2 周。

浓缩饲料，蛋白质含量丰富，含各种维生素及微量元素。这种粉状饲料导热性差，易吸潮，有利于微生物和害虫繁殖，也易导致维生素变热、氧化而失效。因此，浓缩饲料宜加入适量抗氧化剂，且不宜长时期贮藏，要不断推陈贮新。

添加剂预混料主要是由维生素和微量元素组成，有的添加了一些氨基酸、药物或一些载体，这类物质容易受光、热、水、气影响，要注意存放在低温、遮光、干燥的地方，最好加入一些抗氧化剂，贮藏期也不宜过久。维生素添加剂也要用小袋遮光密闭包装，在使用时，以维生素作添加剂再与微量元素混合，效价影响不会太大。

第四章　土鸡繁育的相关问题

一、种鸡引进问题

1. 如何选择土鸡的种鸡

我国拥有丰富的土鸡品种资源，通过长期驯化和饲养，形成了适合于各地气候条件的土鸡品种，养殖者可根据市场的需求、种鸡购买的易得程度并结合自身的生产条件，选择所需要的品种（品系），发展纯种生产或杂交配套生产。选择个体种鸡时要选择毛色光亮、健壮、生长速度快的土鸡，母鸡体重1.6千克左右，公鸡体重1.6～2.25千克为宜，同时种鸡不宜用兄妹鸡。

2. 如何运输种鸡

买到种土鸡后，需要运回自己的养殖场。

（1）运输前的准备

①选择运输方式：可采用运输的方式很多，具体的运输方式要根据路途的远近、人力、财力的情况、运输的季节和所需运送鸡群的数量等情况而定。原则是选用既安全可靠又运输费用低的方式。

②运输笼：运输种土鸡必须采用封闭式运笼，以减少人为干扰，避免损失。运笼可根据各自条件选择现成的运笼或自行制作，自行制作时可选择运笼长100厘米，宽60厘米、高50厘米，用3厘米×3厘米方木做成框架，六个面均用纤维板或铁纱网围装而

成。其中箱的一个侧面的中央开一高 28 厘米、宽 35 厘米的拉门。笼内沿长的一面，在靠近笼门的一头用钉子固定一个长 50、宽 10 厘米、高 7 厘米的食槽。侧面和上盖每隔 10 厘米钻一直径 2 厘米的面孔，以利通风。然后用打包机在笼上横着捆上两条尼龙带(或铁丝)，以加固运笼。

③饲料准备：应选用原种鸡场的日常饲料，饲料要符合卫生要求，并要根据运输距离、时间和种鸡数量备足饲料。一般每日每只需配合饲料 65～75 克。所备饲料数量最好留有余地，以备不测事件而致运输迟滞。

④人员：种鸡运输的押运人员，要由身体健康，责任心强，有一定工作经验的人来承担，人数要根据运输规模确定。押运人员应携带检疫证、身份证、合格证和畜禽生产经营许可证以及有关的行车手续。

⑤其他用具：要根据饲养管理、维修和防寒、防暑等需要，备好喂食工具(如食槽、水槽、小水桶、勺等)、绳子、钉子、钳子、小锤、纤维布、苫布、急救药品等。然后与相关运输部门、检疫等部门取得联系，进行检疫和办理各种有关手续。

(2)装笼：装笼运输过程中，种鸡的密度应根据种鸡体型大小、气候、路途远近、运输时间等而定。长 100 厘米，宽 60 厘米、高 40 厘米的运笼，一般可容纳成年雄种鸡 10～11 只，成年雌种鸡 12～13 只。为尽量减少对种鸡的干扰，应尽量缩短种鸡在笼内的停留时间，尽可能缩短装箱后到装车启运的时间。

(3)运输途中的饲养管理：种鸡装笼后，最好立即装车启运。如需在装车启运前一天装笼，则装完后要喂食，每笼投放一棵白菜，以防种鸡互相叼斗致伤致死。在装车及运输途中应注意以下问题：

①装卸时要轻抬轻放，不要翻转运笼，以尽量使种鸡保持安静，减少撞伤死亡。种鸡运输的成败因素之一就是使种鸡保持安

静而不受惊。除注意轻抬轻放运笼外，还要保持笼内黑暗。

②放笼层数，一般以 4 层笼为宜，最多不超过 5 层。放笼层数过多，则放笼过高，既不便于管理，还易造成上层笼温度过高。

③喂食要定时定量。冬天或在北方早上 8 点和下午 3 点各喂饲 1 次，夏天或在南方最好每天喂 3 次，中午喂食要稍稀些，以补充饮水。饲料要保持新鲜不变质，现喂现调制，调制方法是把饲料加入适量水，搅拌均匀，呈干粥样即可。

④注意通风换气。夏季运输或运往南方，因气温过高，要适当打开窗门以便通风降温；如汽车运输、夏季最好夜间行驶，中途休息时，尽量把车停在树阴下。冬季运输，要采取防寒、防风、保温措施。

⑤中转换车时，要把两个笼门相对排列，以防跑鸡。汽车运输时，若所运种鸡只数过少时，应在车上装些沙子或土，以减少颠簸。在运输途中要避免急刹车，以减少种鸡互相挤压造成伤亡。冬季要用苫布盖好运笼，以防寒防感冒。夏季要带苫布防雨。装车之后要用绳子把笼捆扎牢固，防止掉笼和颠簸造成损失。

⑥押运人员要认真负责，不能远离种鸡群，要经常检查种鸡笼和笼门、车内温度、种鸡的状态等。如发现坏笼要及时修理；笼门未关严则应关牢，严防跑鸡。如发现种鸡对着门、窗缝时，要采取回避措施；发现种鸡精神不好与异常情况，则要及时处理；如遇不良天气，要及时采取回避措施。

3. 运回场内如何进行暂养管理

(1)设立隔离检疫场(区)：依照国家动物检疫法和动物检疫管理办法的具体规定，事先在场区的下风口处设立隔离检疫场(区)。因此，新引进的种鸡不宜直接放在场内饲养，应在单辟的隔离场或隔离区内暂养观察半个月左右，确认健康无疾患时方可移入场内饲养。

(2)到场后先饮水，后少量喂食：种鸡运抵场内后迅速从运输笼移入笼舍内，先要添加足量饮水，然后喂给少量饲料，饲料要逐渐增加，2～3 天后再喂至常量，以免种鸡因运输后饥饿而大量采食，造成消化不良。

(3)运输工具消毒处理：对所用运输工具，特别是运输器具要及时清理和消毒处理，以备再用。

二、雏鸡引进问题

1. 如何选择雏鸡

选择健康的雏鸡是育雏成功的基础。由于种鸡的健康、营养和遗传等先天因素的影响，以及孵化、长途运输与出壳时间过长等后天因素的影响，初生雏中常出现有弱雏、畸形雏和残雏等，对此需要淘汰。因此，雏鸡选择应从以下几个方面进行：

(1)外观：健雏表现活泼好动，无畸形和伤残，反应灵敏，叫声响亮，眼睛圆睁。而伏地不动，没有反应，腹部过大过小、脐部有血痂或有血线者则为弱雏。

(2)绒毛：健雏绒毛丰满，有光泽，干净无污染。绒毛有黏着的则为弱雏。

(3)手握感觉：健雏手握时，绒毛松软饱满，有挣扎力，触摸腹部大小适中、柔软有弹性。

(4)卵黄吸收和脐部愈合情况：健雏卵黄吸收良好，腹部不大、柔软，脐部愈合良好、干燥，上有绒毛覆盖。而弱雏表现脐孔大，有脐疔，卵黄囊外露，无绒毛覆盖。

(5)体重：鸡出壳重应为 35～42 克，同一品种大小均匀一致。

2. 如何进行初生雏鸡性别鉴别

(1)肛门鉴别法:肛门鉴别法是利用翻开雏鸡肛门观察雏鸡生殖隆起的形态来鉴别雌雄的方法,这种方法的准确率可达到96%~100%,使用相当广泛。雏鸡出壳后12小时左右是鉴别的最佳时间,因为这时公母雏生殖突起形态相差最为显著,雏鸡腹部充实,容易开张肛门,此时雏鸡也最容易抓握;过晚实行翻肛鉴别,生殖突起常起变化,区别有一定难度,并且肛门也不易张开。鉴别时间最迟不要超过出壳后24小时。

运用肛门鉴别法进行鉴别雏鸡雌雄的操作手法是由抓握雏鸡、排粪翻肛、鉴别放雏三个步骤组成。

①抓雏、握雏:雏鸡抓握的手法有两种,即夹握法和团握法。夹握法是将雏鸡抓起,然后使雏鸡头部向左侧迅速移至左手;雏鸡背部贴掌心,肛门向上,使雏鸡颈部夹在中指与无名指之间,双翅夹在食指与中指之间,无名指与小拇指弯曲,将鸡两爪夹在掌面;团握法是将左手朝鸡雏运动方向,掌心贴着雏鸡背部将其抓起,使雏鸡肛门朝上团握在手中。

②排粪、翻肛、鉴别:在鉴别雏鸡之前,必须将粪便排出。用左手大拇指轻压雏鸡腹部左侧髋骨下缘,使粪便排进粪缸内。粪便排出后,左手拇指(左手握雏)从排粪时的位置移至雏鸡肛门的左侧,左手食指弯曲贴在雏鸡的背侧;同时将右手食指放在肛门右侧,右手拇指放在雏鸡脐带处;位置摆放好后,右手拇指沿直线往上方顶推,右手食指往下方拉,并往肛门处收拢,3个手指在肛门处形成一个小的三角形区域,3个手指凑拢一挤,雏鸡肛门即被翻开。看到其中有很小的粒状生殖突起就是雄雏;无突起者就是雌

雏(图 4-1)。鉴别最好在雏鸡出壳后 12 小时左右进行,时间过长生殖突起常有变化,增加鉴别困难。

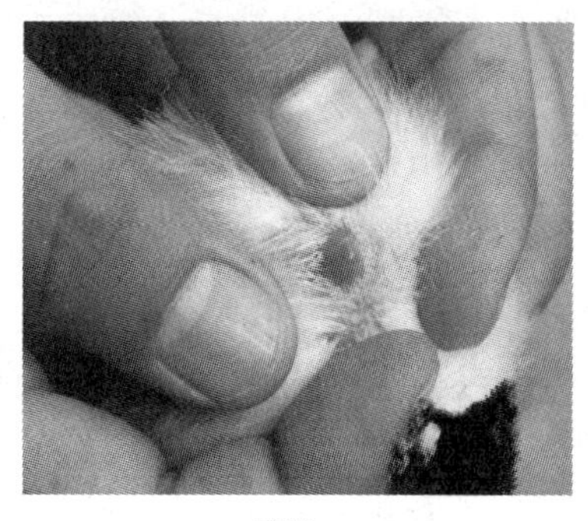

雄雏　　　　雌雏

图 4-1　雏鸡雌雄鉴别

③翻肛操作注意事项:鉴别动作轻捷,速度要快。动作粗鲁易造成损伤,影响雏鸡的发育,严重者会造成雏鸡的死亡。鉴别时间过长,雏鸡肛门易被排出的粪便或渗出物掩盖无法辨认生殖隆起的状态;为了不使雏鸡因鉴别而染病,在进行鉴别前,每个鉴别人员必须穿工作服和鞋、戴帽子和口罩,并用新洁尔灭消毒液洗手消毒;鉴别雌雄是在灯光下进行的一种细微结构形态的快速观察。灯采用具有反光罩的灯具,灯泡采用 40～60 瓦乳白灯泡;鉴别盒中放置雏鸡的位置要固定而一致。例如,规定左边的格内放雌雏,右边的格内放雄雏,中间的格子是放置未鉴别的混合雏鸡;鉴别人员坐着的姿势要自然,使持续的鉴别不至疲劳;若遇到肛门有粪便或渗出物排出时,则可用左手拇指或右手食指抹去,再行观察;若遇到一时难以分辨的生殖隆起时,则可用二拇指或右手食指触摸,并观察其弹性和充血程度,切勿多次触摸;若遇到不能准确判断时,先看清生殖隆起的形态特征,然后再进行解剖观察,以总结经验;注意不同品种间正常型和异常型的比例及生殖隆起的形状差异。

翻肛后,立即进行鉴别。鉴别后,根据鉴别的结果,将雌雄雏鸡分别放进鉴别盒中。

(2)器械鉴别法:器械鉴别法是利用专门的雏鸡雌雄鉴别器来鉴别雏鸡的雌雄。这种工具的前端是一个玻璃曲管,插入雏鸡直肠,通过直接观察该雏鸡是否具有卵巢或睾丸来鉴别雌或雄。这种方法对于操作熟练者来说,其准确度可达98%~100%。但是,这种方法鉴别速度较慢;且由于鉴别器的玻璃曲管需插入雏鸡直肠,使雏鸡易受伤害和容易传播疫病,因而使应用受到了限制。

(3)羽毛鉴别法:主要根据翅、尾羽生长的快慢来鉴别,雏毛换生新羽毛,一般雌的比雄的早,在孵出的第4天左右,如果雏鸡的胸部和肩尖处已有新毛长出的是雌雏;若在出壳后7天以后才见其胸部和肩尖处有新毛的,则是雄雏。

(4)动作鉴别法:总的来说,雄性要比雌性活泼,活动力强,悍勇好斗;雌雏比较温驯懦弱。因此,一般强雏多雄,弱雏多雌;眼暴有光为雄;柔弱温文为雌;动作锐敏为雄,动作迟缓为雌;举步大为雄,步调小为雌;鸣声粗浊多为雄,鸣声细悦多为雌。

(5)外形鉴别法:雄雏鸡的头一般较大,个子粗壮,眼圆形,眼球较突出,喙长而尖,呈钩状;雌雏鸡的头较小,体较轻,眼椭圆形,喙短而圆,细小而平直。不过,孵化时如种蛋大小不一,雏群数量很大,缺乏经验的人则较难掌握此法。

3. 需要了解哪些相关信息和承诺

为顺利地培育好雏鸡,在与种鸡场签订合同的同时,应尽可能向孵化厂了解以下一些情况:

(1)鸡种生产性能、生活力。

(2)出雏时间和存放环境,如出雏后存放时间过长、温度过低、通风不良,会严重影响雏鸡质量。

(3)雏鸡接种疫苗情况。

(4)此批种蛋的受精率、孵化率、健雏率,这些指标越高雏鸡质量越好。

(5)种鸡的日龄、群体大小、种鸡的产蛋率,种鸡盛产期的后代体质等。

(6)种鸡的免疫程序,可推测雏鸡母源抗体水平。

(7)原鸡场经常使用什么药品。

(8)有可能的话,再了解一下种鸡群曾发生过什么疾病。

如果可能,在购买雏鸡时,应要求种鸡场有以下的承诺:

(1)保证鸡种无掺杂作假。

(2)保证马立克疫苗是有效的,对每只鸡的免疫是确实的。

(3)保证5日龄内因细菌感染引起的死亡率在2%以下。

(4)保证因为鉴别误差混入的公雏在5%以下。

(5)对日常的饲养管理、疫病预防等给予免费的咨询服务,还应得到种鸡场赠送的该品种的饲养管理手册。

4. 如何运输雏鸡

雏鸡生命力柔弱,应当尽快运到养殖场,自行运输时要考虑以下问题:

(1)运输方式:雏鸡的运输方式依季节和路程远近而定。汽车运输时间安排比较自由,又可直接送达养鸡场,中途不必倒车,是最方便的运输方式。火车也是常用的运输方式,适合于长距离运输和夏、冬季运输,安全快速,但不能直接到达目的地。

(2)携带证件:雏鸡运输的押运人员应携带检疫证、身份证、合格证和畜禽生产经营许可证以及有关的行车手续。

(3)运输要点:汽车运输时,车厢底板上面铺上消毒过的柔软垫草,每行雏箱之间,雏箱与车厢之间要留有空隙,最好用木条隔开,雏箱两层之间也要用木条(玉米秸、高粱秸、竹竿均可)隔开,以便通气。

冬季,早春运输雏鸡要用棉被,棉毯遮住运雏箱,千万不能用塑料包盖，否则会将雏鸡闷死、热死。车内有足够的空间，保证运输箱周围空气流通良好。运输途中，要时时观察雏鸡动态，防止事故发生。

夏季运输雏鸡要携带雨布，千万不能让雏鸡着雨，着雨后雏鸡感冒，会大量死亡，影响成活率。夏季最好在早晚凉爽时运输雏鸡，以防雏鸡中暑。运输初生雏鸡时，行车要平稳，转弯、刹车时都不要过急，下坡时要减速，以免雏鸡堆压死亡。

运输雏鸡要有专用运雏箱，一般的运雏箱规格为 60 厘米×45 厘米×18 厘米的纸箱、木箱或塑料瓦楞箱。箱的上下左右均有若干 1 厘米洞孔，箱内分成 4 个格装鸡，如用其他纸箱应注意留通风孔，并注意分隔。每箱装雏鸡数量最多不超过 100 只为宜，防止挤压。车厢、雏箱使用前要消毒，为防疫起见，雏箱不能互相借用。

运输雏鸡的人员在出发前应准备好食品和饮用水，中途不能停留。远距离运输应有两个司机轮换开车，押运雏鸡的技术人员在汽车启动 30 分钟后，应检查车厢中心位置的雏鸡活动状态。如果雏鸡精神状态良好，每隔 1～2 个小时检查 1 次，检查间隔时间的长短应视实际情况而定。

三、种蛋引进问题

1. 如何选择种蛋

(1)种蛋来源：了解种鸡场情况，包括种鸡状况、种鸡群体是否健康、种鸡营养水平等。凡是用来育雏的种蛋，都必须要求来源于饲养、管理正常的健康鸡群，以免出现病症。

(2)种蛋新鲜度：实践证明，种蛋愈新鲜，孵化率越高，雏鸡的体质也越好。新鲜种蛋外表有光泽，气室很小，陈蛋则相反。种蛋保存期限越长，孵化率越低。一般来说，种蛋产后于 1 周内入孵合适，以 3～5 天最好；保存 2 周的种蛋孵化率仅达 50%左右，延迟出雏近5小时。保存期超过2周,孵化率明显下降,不可入孵。

(3)种蛋大小:蛋重应符合本品种标准,蛋重适宜。种蛋形状以椭圆形为好,过大的、过小的、过长的、过圆的、腰鼓等畸形蛋均不宜做种蛋,而且双黄、三黄、蛋中蛋,血斑、肉斑蛋都不可做种蛋。应该注意,一批蛋的大小要一致,这样出雏时间整齐。蛋体过小,孵出的雏鸡也小;蛋体过大,孵化率比较低。

(4)蛋壳厚度:蛋壳应致密,厚薄要适度,过厚不利于破壳出雏,过薄易破碎。凡蛋壳无光泽、粗糙有砂眼(称砂皮蛋)或硬壳(称钢皮蛋)、薄壳蛋、皱皮者等外表结构异常的蛋都不可用作种蛋。

(5)蛋壳表面的清洁度:如蛋上沾染粪便、污泥、饲料等过脏的蛋或有裂纹的蛋常会受微生物污染而最容易腐坏,引起种蛋变质或造成死胎。

2. 如何运输种蛋

种蛋运输应包装完善,以免震荡而遭破损。常采用专用蛋箱装运,箱内放2列5层压膜蛋托,每枚蛋托装蛋30枚,每箱装蛋300枚或360枚。装蛋时,钝端向上,盖好防雨设备。

如无专用蛋箱,也可用硬纸箱、木箱或竹筐装运。用硬纸箱、木箱或竹筐装蛋时,先把箱底底铺1层碎干草,然后1层蛋1层稻壳(或麦糠)分层摆放。摆放完毕后应轻摇一下箱,使蛋紧靠稻壳贴实,这样途中不容易破碎,然后加盖钉牢或用绳子捆紧。

装车时,将蛋箱放在合适的地点,箱筐之间紧靠,周围不能潮湿、滴水或有严重气味。如用汽车、三轮车运输种蛋时先在车板上铺上厚厚的垫草或垫上泡沫塑料,有缓冲震荡的作用。

运输途中,防止日晒雨淋,冬季要保暖防冻。装卸车时,动作要轻缓。种蛋运至目的地后,应尽快将蛋取出,并平放在蛋盘里,剔除破蛋,静置半天,然后进行孵化前处理。

3. 如何保存种蛋

（1）蛋库：大型鸡场有专门保存种蛋的房舍，叫做蛋库；专业户饲养群鸡，保存种蛋的房舍，应有天花板，四墙厚实，窗户不要太大，房子可以小一点，保持清洁、整齐，不能有灰尘、穿堂风，防止老鼠、麻雀出入。

（2）存放要求：为了保证种蛋的新鲜品质，以保存时间愈短愈好，一般不要超过1周。如果需要保存时间长一点，则应设法降低室温，提高空气的相对湿度。

保存种蛋标准温度的范围是12～16℃，若保存时间在1周以内，以15～16℃为宜；保存2周以内，则把温度调到12～13℃。

室内空间的相对湿度以70%～80%为宜。湿度小则蛋内水分容易蒸发，但湿度也不能过高，以防蛋壳表面上发霉，霉菌侵入蛋内会造成蛋的霉败。

保存1周以内的种蛋，大端朝上或平放都可以，也不需要翻蛋；若保存时间超过1周以上，应把蛋的小端朝上，每天翻蛋1次。

4. 鸡的胚胎发育是如何变化的

雏鸡的孵化期为21天。

第1天末：鸡蛋孵化24小时后，在照蛋器透视下，于蛋黄原来胚盘的部位，可见一颗透亮的圆形物。它形似小鱼的眼珠（俗称"鱼眼珠"），是初期受精蛋与无精蛋区别的主要标志。

第2天末：可看到卵黄囊血管区，其形似黄豆大小的樱桃（俗称"樱桃珠"）；胚胎心脏已初步形成，并开始跳动；蛋黄吸收了蛋白的水分而显得较大一些。

第3天末：可见胚胎和伸展的卵黄囊血管的形状，像1只静止的蚊子（俗称"蚊虫珠"）；尿囊开始发育，蛋黄吸收蛋白更多的水分而明显扩大。

第4天末：胚胎和卵黄中血管形成小蜘蛛状（俗称“小蜘蛛”；在照蛋器下转动胚胎蛋，蛋黄不容易跟着转动，故又称“落盘”；卵黄囊血管贴近蛋壳，开始利用壳外的气体进行代谢。

第5天末：照蛋时可看到头部黑色的眼珠（俗称“单珠”）；胚胎已经弯曲，四肢开始发育。

第6天末：可见胚体两个小圆团：一个是头部，另一个是增大弯曲的躯干部（俗称“双珠”）；这时羊膜开始收缩，胎儿开始运动。

第7天末：照蛋时，由于胚胎在起保护作用的羊水中被遮盖而看不见（俗称“七沉”）；这时半个蛋面布满血管，胎儿出现鸟类形状。

第8天末：照胚蛋正面，易见到胎儿在羊水中浮游（俗称“八浮”）；照蛋的背面，将蛋转动，两边蛋黄不易晃动，故又称“边口发硬”；用放大镜能见到胚体上的羽毛原基。

第9天末：鸡胚在照蛋器下，见一头一尾，忽隐忽现，摇摆不定（俗称“摇头”）蛋转动时，两边蛋黄容易晃动，又称“晃得动”；背面尿囊血管很快伸展越出蛋黄的范围。

第10～10.5天：尿囊血管继续伸展，在蛋的背面小端吻合（俗称“合拢”）；这是胚胎发育正常与否及施温好坏的重要标志。

第11～12天：血管分布均匀、颜色渐变深，管径加粗；12天末，背部两侧蛋黄在大端连接。

第13～14天：头部和身体大部分已形成绒毛，胎儿与蛋的长轴呈平行。

第15～16天：是胎儿长骨、长肉的剧烈阶段。由于胎儿长大，蛋内黑影部分逐天增加，小端发亮部分逐天缩小。

第17天末：以蛋的小端对准光源，见不到发亮的部分（俗称“封门”；蛋白已完全利用，胎儿下坐到小端。

第18天末：胎儿转身，喙朝上气室，气室明显增大而倾斜（俗称“转身”、“斜口”）；除蛋的大端外，整个发黑（是胚胎长成的标志);尿囊液及羊水明显消失。

第19天末:胎儿颈、翅部突入气室,可见到黑影在闪动(俗称"闪毛";这时,绝大部分甚至全部蛋黄被吸入腹内。

第20天末:雏嘴啄破壳膜,伸入气室内(俗称"起嘴");接着雏鸡破壳,即为"见嘌"。

第21天:雏鸡用喙将壳啄开2/3,以头颈用力往外顶,破壳而出。从"见嘌"开始,到出壳为止,需2~10个小时。

5. 如何应用自然孵化法

自然孵化法是我国广大农村家庭养鸡一直沿用的方法,优点是设备简单、管理方便、孵化效果好,雏鸡由于有母鸡抚育,成活率比较高。但缺点是孵量少、孵化时间不能按计划安排,因此,只限于饲养量不大的农家使用。

(1)抱窝鸡的选择:要选择抱性强的母鸡,鸡体要健康无病,大小适中。为了进一步试探母鸡的抱性,最好先在窝里放两枚蛋,试抱3~5天,如果母鸡不经常出窝,就是抱性强的表现。

(2)选择种蛋:种蛋在入孵前应按种蛋的标准进行筛选,不合格的种蛋不要入孵。

(3)准备巢窝:一只中等体型的母鸡,一般孵蛋18~20枚,以鸡体抱住蛋不外露为原则。鸡窝用木箱、竹筐、硬纸箱等均可,里面应放入干燥、柔软的絮草。鸡窝最好放在安静、凉爽、比较暗的地方。入孵时,为使母鸡安静孵化,最好选择晚上将孵蛋母鸡放入孵化巢内,并要防止猫、鼠等的侵害。

(4)消毒入孵:将选好的种蛋用0.5%的高锰酸钾溶液浸泡2分钟消毒。

(5)孵化期管理

①就巢母鸡的饲养管理:首先对抱窝鸡进行驱虱,可用除虱灵抹在鸡翅下。以后每天中午或晚上提出母鸡喂食、饮水、排粪,每

次20分钟，到21天小鸡出壳。

②照蛋：孵化过程中分别于第7天和第18天各验蛋1次，将无精蛋、死胚蛋及时取出。

③出雏：出壳后应加强管理将出壳的雏鸡和壳随时取走。为使母鸡安静，雏鸡应放置在离母鸡较远的保暖地方，待出雏完毕、雏鸡绒毛干后接种疫苗，然后将雏鸡放到母鸡腹下让母鸡带领。

④清扫：出雏结束立即清扫、消毒窝巢。

6. 如何应用电褥子孵化法

目前使用电褥子孵鸡较为普遍，效果较好。

(1)孵化设备及用具：用双人电褥子(规格为95厘米150厘米)两条、垫草、火炕、棉被、温度计等。

(2)孵化操作方法：双人电褥子一条电褥子铺在火炕上(停电时可烧炕供温)，火炕与电褥子之间铺设2～3厘米厚的垫草，电褥子上面铺一层薄棉被，接通电源，预热到40℃。然后将种蛋大头向上码放在电褥子上边，四周用保温物围好，上边盖棉被，在蛋之间放1支温度计，即可开始孵化。另一条电褥子放在铺有垫草的摊床上备用。

孵化室的温度要求在27～30℃。蛋的温度要求：入孵1～3天38.5～40℃，4～10天38～39℃，11～19天37.5～38.5℃，20～21天38～39℃。

孵蛋的温度用开闭电褥子电源的方法来控制，每半小时检查一次。湿度用往地面洒水或在电褥上放小水盆等方法来调节，一般相对湿度为60%～75%。用两个电褥子可连续孵化，等第1批孵化到11天时移到摊床上的电褥子进行孵化，炕上的电褥子可以继续入孵新蛋。摊床上雏鸡出壳后，第2批蛋再移到摊床上的电褥子进行孵化。如此反复循环，每批可孵化400～500个蛋。

在孵化过程中，每3～4小时翻蛋一次，同时对调边蛋和心蛋的位置。晾蛋从第13天开始，每天晾蛋1～2次，17天时加强通风晾蛋，第20天时停止翻蛋、晾蛋等待出雏。

7. 如何应用机器孵化法

(1)孵化前的准备工作

①制定孵化计划：在孵化前，要根据孵化与出雏能力、种蛋数量等具体情况订出孵化计划。一旦计划制定好后，非特殊情况不能随便更改，以免影响整体计划和生产安排。

一般情况下每周入孵2批或每3天入孵一批，工作效率较高。若孵化任务大时，可安排在16～18天落盘，每月可多入孵1～2批。

②准备好所有用品：入孵前1周应把一切用品准备好，包括照蛋器、干湿温度计、消毒药品、马立克疫苗、装雏箱、注射器、清洗机、易损电器元件、电动机、皮带、各种记录表格、保暖或降温设备等。

③温度校正与试机：新孵化机安装后，或旧孵化机停用一段时间，再重新启动，都要认真校正检验各机件的性能，尽量将隐患消灭在入孵前。

④消毒：孵化前要对孵化机、出雏机、出雏盘及车间空间进行全面消毒。首先对孵化机要清洗干净，防止水进入控制柜内，防止开机时造成断路烧损电器。然后才能进行熏蒸消毒，按每立方米用福尔马林30毫升，高锰酸钾15克，温度升到24℃，湿度75％以上时密闭熏蒸1小时，然后通风1小时，驱除气味。出雏机也同样消毒。

⑤种蛋的预热：入孵前把种蛋放到不低于22～25℃的环境下4～9小时或12～18小时预热，能使胚胎发育从静止状态中逐渐苏醒过来，减少孵化器温度下降的幅度，除去蛋表凝水，可提高孵化率。在整机入孵时，温度从室温升至孵化规定温度需8～12小

时，就等于预热了，不必再另外预热。

⑥码盘：码盘即种蛋的装盘，即把种蛋一枚一枚放到孵化器蛋盘上再入机器内孵化。人工码盘的方法是挑选合格的种蛋大头向上，小头向下一枚一枚的放在蛋盘上。若分批入孵，新装入的蛋与已孵化的蛋交错摆放，这样可相互调温，温度较均匀。为了避免差错，同批种蛋用相同的颜色标记，或在孵化盘贴上胶布注明。种蛋码好后要对孵化机、出雏机、出雏盘及车间空间进行全面消毒。

(2)入孵：入孵的时间应在下午 4～5 时，这样可在白天大量出雏，方便进行雏鸡的分级、性别鉴定、疫苗接种和装箱等工作。

(3)孵化管理

①温度、湿度调节：入孵前要根据不同的季节和前几次的孵化经验设定合理的孵化温度、湿度，设定好以后，旋钮不能随意扭动。刚入孵时，开门上蛋会引起热量散失，同时种蛋和孵化盘也要吸收热量，这样会造成孵化器温度暂时降低，经 3～6 个小时即可恢复正常。孵化开始后，要对机显温度和湿度、门表温度和湿度进行观察记录。一般要求每隔半个小时观察一次，每隔 2 个小时记录一次，以便及时发现问题，尽快处理。有经验的孵化人员，要经常用手触摸胚蛋或将胚蛋放在眼皮上测温，实行“看胚施温”。正常温度情况下，眼皮感温要求微温，温而不凉。

②通风换气：在不影响温度、湿度的情况下，通风换气越通畅越好。在恒温孵化时，孵化机的通气孔要打开一半以上，落盘后全部打开。变温孵化时，随胚胎日龄的增加，需要的氧气量逐渐增多，所以要逐渐开大排气孔，尤其是孵化第 14～15 天以后，更要注意换气、散热。

③翻蛋：入孵后 12 个小时开始翻蛋，每 2 个小时翻蛋一次，一昼夜翻蛋 12 次。在出雏前 3 天移入出雏盘后停止翻蛋。孵化初期适当增加翻蛋次数，有利于种蛋受热均匀和胚胎正常发育。每次翻蛋的时间间隔要求相等，翻蛋角度以水平位置前俯后仰各

45°为宜，翻蛋时动作要轻、稳、慢。

④照蛋：一个孵化期中，生产单位一般进行2～3次照蛋。3次照蛋的时间是：头照5～6天；二照10～11天；三照17～18天。

第1次照蛋：在入孵后5～6天进行，以及时剔出无精蛋、死胚蛋、弱胚蛋和破蛋。

活胚蛋可见明显的血管网，气室界限明显，胚胎活动，蛋转动胚胎也随着转动，剖检时可见到胚胎黑色的眼睛。受精蛋孵到第5天，若尚未出现"单珠"，说明早期施温不够；若提早半天或1天出现"单珠"，说明早期施温过高。若查出温度不够或过高，都应做适当调整。正常的发育情况是，在照蛋器透视下，胚蛋内明显地见到鲜红的血管网，以及一个活动的位于血管网中心的胚胎，头部有一黑色素沉积的眼珠。若系发育缓慢一点的弱胚，其血管网显得微弱而清淡。

没有受精的蛋，仍和鲜蛋一样，蛋黄悬在中间，蛋体透明，旋转种蛋时，可见扁形的蛋黄悠荡飘转，转速快。

弱胚蛋胚体小，黑色眼点不明显，血管纤细，有的看不到胚体和黑眼点，仅仅看到气室下缘有一定数量的纤细血管。

死胚蛋可见不规则的血环或几种血管贴在蛋壳上，形成血圈、血弧、血点或断裂的血管残痕，无放射形的血管。

第2次照蛋：一般在入孵后第10～11天进行，主要观察胚胎的发育程度，检出死胚。种蛋的小头有血管网，说明胚胎发育速度正好。死胚蛋的特点是气室界限模糊，胚胎黑团状，有时可见气室和蛋身下部发亮，无血管，或有残余的血丝或死亡的胚胎阴影。活胚则呈黑红色，可见到粗大的血管及胚胎活动。

第3次照蛋：三照在17～18天进行，目的是查明后期胚胎的发育情况。发育好的胚胎，体形更大，蛋内为胎儿所充满，但仍能见到血管。颈部和翅部突入气室。气室大而倾斜，边缘成为波浪状，毛边(俗称"闪毛")；在照蛋器透视下，可以观察到胎儿的活动。

死胎则血管模糊不清，靠近气室的部分颜色发黄，与气室界线不十分明显。

⑤落盘：孵化到第 18～19 天时，将入孵蛋移至出雏箱，等候出雏，这个过程称落盘。要防止在孵化蛋盘上出雏，以免被风扇打死或落入水盘溺死。

⑥出雏和捡雏：孵满 20 天便开始出雏。出雏时雏鸡呼吸旺盛，要特别注意换气。

捡雏分 3 次进行：第 1 次在出雏 30%～40%时进行；第 2 次在出雏 60%～70%时进行；第 3 次全部出雏完时进行。出雏末期，对少数难于出壳的雏鸡，如尿囊血管已经枯萎者，可人工助产破壳。正常情况下，种蛋孵满 21 天，出雏即全部结束。每次捡出的雏鸡放在分隔的雏箱或雏篮内，然后置于 22～25℃的暗室中，让雏鸡充分休息。

⑦清扫消毒：为保持孵化器的清洁卫生，必须在每次出雏结束后，对孵化器进行彻底清扫和消毒。在消毒前，先将孵化用具用水浸润，用刷子除掉脏物，再用消毒液消毒，最后用清水冲洗干净，沥干后备用。孵化器的消毒，可用 3%来苏儿喷洒或用甲醛熏蒸（同种蛋）消毒。

⑧雏鸡出壳前后管理

Ⅰ. 雏鸡出壳前：落盘时手工将种蛋从孵化蛋盘移到出雏盘内，操作中室温要保持 25℃左右，动作要快，在 30～40 分钟内完成每台孵化机的出蛋，时间太长不利胚胎发育。适当降低出雏盘的温度，温度控制在 37℃左右。适当提高湿度，湿度控制在 70%～80%。

Ⅱ. 雏鸡出壳后：鸡孵化到 20 天大批破壳出雏，整批孵化的只要捡 2 次雏即可清盘；分批入孵的种蛋，由于出雏不齐则每隔 4～6 小时捡一次。操作时应将脐带吸收不好、绒毛不干的雏鸡暂留出雏机内。提高出雏机的温度 0.5～1℃，鸡到 21.5 天后再出雏作为弱雏处理。鸡苗出壳 24 小时内做马立克疫苗免疫并在最短时间内将雏鸡运到育雏舍。

(4)孵化过程中停电的处理:要根据停电季节,停电时间长短,是规律性的停电还是偶尔停电,孵化机内鸡蛋的胚龄等具体情况,采取相应的措施。

①早春,气温低,室内若没有加取暖设备,室温度仅(5～10℃),这时孵化机的进、出气孔一般全是闭着的。如果停电时间在 4 小时之内,可以不必采取什么措施。如停电时间较长,就应在室内增加取暖设备,迅速将室温提高到 32℃。如果有临出壳的胚蛋,但数量不多,处理办法与上述同。如果出雏箱内蛋数多,则要注意防止中心部位和顶上几层胚蛋超温,发觉蛋温烫眼时,可以调一调蛋盘。

②电孵机内的气温超过 25℃,鸡蛋胚龄在 10 天以内的,停电时可不必采取什么措施,胚龄超过 13 天时,应先打开门,将机内温度降低一些,估计将顶上几层蛋温下降 2～3℃(视胚龄大小而定)后,再将门关上,每经 2 小时检查一次顶上几层蛋温,保持不超温就行了,如果是出雏箱内开门降温时间要延长,待其下降 3℃以上后再将门关上,每经 1 小时检查一次顶上几层蛋温,发现有超温趋向时,调一下盘,特别注意防止中心部位的蛋温超高。

③室内气温超过 30℃停电时,机内如果是早期的蛋,可以不采取措施,若是中、后期的蛋,一定要打开门(出、进气孔原先就已敞开),将机内温度降到 35℃以下,然后酌情将门关起来(中期的蛋)或者门不关紧,尚留一条缝(后期的蛋),每小时检查一次顶上几层的蛋温。若停电时间较长,或者是停电时间不长,但几乎每天都有规律地暂短停电(如 2～3 小时),就得酌情每天或每 2 天调盘 1 次。

为了弥补由于停电所造成的温度偏低(特别是停电较多的地区),平时的孵化温度应比正常所用的温度标准高 0.28℃左右。

这样，尽管每天短期停电，也能保证鸡胚在第21天出雏。

(5)提高种蛋孵化率的关键

①运输管理：种蛋进行孵化时，需要长途运输，这对孵化率的影响非常大，如果措施不到位，常会增加破损，引起种蛋系带松弛、气室破裂等，从而导致种蛋孵化率降低。

种蛋运输应有专用种蛋箱，装箱时箱的四壁和上下都要放置泡沫隔板，以减少运输途中的振荡。每箱一般可装3层托盘，每层托盘间也应有纸板或泡沫隔板，以降低托盘之间的相互碰撞。

种蛋运输过程中应避免日晒雨淋，夏春季节应采用空调车，运蛋车应做到快速平稳行驶，严防强烈振动。种蛋装卸也应轻拿轻放，防止振荡导致卵黄膜破裂。种蛋长途运输应采用专用车，避免与其他货物混装。

②加强种蛋储存管理：种蛋产下时的温度高于40℃，而胚胎发育的最佳温度为37～38℃，种蛋储存最好在“生理零度”的温度之下。

研究表明，种蛋保存的理想环境温度是13～16℃，高温对种蛋孵化率的影响很大，当储存温度高于23℃时，胚胎即开始缓慢发育，会导致出苗日期提前，胚胎死亡增多，影响孵化率，当储存温度低于0℃时，种蛋会因受冻而丧失孵化能力。保存湿度以接近蛋的湿度为宜，种蛋保存的相对湿度应控制在75%～80%。如果湿度过高，蛋的表面回潮，种蛋会很快发霉变质；湿度过低，种蛋会因水分蒸发而影响孵化率。

种蛋储存应有专用的储存室，要求室内保温隔热性能好，配备专用的空调和通风设备。并且应定期消毒和清洗，保存储存室可以提供最佳的种蛋储存条件。种蛋储存时间不能太长，夏季一般3天以内，其他季节5天以内，最多不超过7天。

③不要忽视装蛋环节：孵化前装蛋应再次挑蛋，在装蛋时一边装一边仔细挑选，把不合格的种蛋挑选出来。种蛋应清洁无污染；

蛋形正常，呈椭圆型，过长过圆等都不适宜使用；蛋的颜色和大小应符合品种要求，过小过大都不应入孵；蛋壳表面致密、均匀、光滑、厚薄适中，钢皮蛋、沙壳蛋、畸形蛋、破壳蛋和裂蛋等都要及时剔除。装蛋时应轻拿轻放，大头朝上。种蛋装上蛋架车后，不要立即推入孵化机中，应在 20～25℃环境中预热 4～5 小时，以避免温度突然升高给胚胎造成应激，降低孵化率。

为避免污染和疾病传播，种蛋装上蛋架车后，应用新洁尔或百毒杀溶液进行喷雾消毒。

④控制好孵化的条件

Ⅰ.温度：鸡胚对温度非常敏感，温度必须控制在一个非常窄的范围内。胚胎发育的最佳温度 37～38℃，若温度过高，胚胎代谢过于旺盛，产生的水分和热量过多，种蛋失去的水分过多，可导致死胚增多，孵化率和健苗率降低；温度过低，胚胎发育迟缓，延长孵化时间使胚胎不能正常发育，也会使孵化率和健苗率降低。

胚胎的发育环境是在蛋壳中，温度必须通过蛋壳传递给胚胎，而且胚胎在发育中会产生热量，当孵化开始时产热量为零，但在孵化后期，产热量则明显升高。因此，孵化温度的设定采取“前高、中平、后低”的方式。

Ⅱ.湿度：胚胎发育初期，主要形成羊水和尿囊液，然后利用羊水和尿囊液进行发育。孵化初期，孵化机内的相对湿度应偏高，一般设定为 60%～65%，孵化中期孵化机内的相对湿度应偏低，一般设定为 50%～55%。

Ⅲ.通风换气：孵化机采用风扇进行通风换气，一方面利用空气流动促进热传递，保持孵化机内的温度和湿度均匀一致；另一方面供给鸡胚发育所需要的氧气和排出二氧化碳及多余的热量。孵化机内的氧气浓度与空气中的氧气浓度达到一致时，孵化效果最理想。研究表明，氧气浓度若下降 1%，则孵化率降低 5%。

Ⅳ.翻蛋：翻蛋可使种蛋受热均匀，防止内容物粘连蛋壳和促进鸡胚发育。在孵化阶段(0～18天)通常翻蛋频率以2小时1次为宜。对于孵化机的自动翻蛋系统,应经常检查其工作是否正常,发现问题要及时解决。

Ⅴ.出雏:通常情况下,种蛋孵化到第18天时,应从孵化机中移出,进行照蛋,挑出全部坏蛋和死胚蛋,把活胚蛋装入出雏箱,置于车架上推入出雏机直到第21天。出雏阶段的温度控制在36～37℃;湿度控制在70%～75%,因为这样的湿度既可防止绒毛黏壳,又有助于空气中二氧化碳在较大的湿度下使蛋壳中的碳酸钙变成碳酸氢钙,使蛋壳变脆,利于雏鸡破壳;同时,保持良好的通风,也可以保证出雏机内有足够的氧气。在第21天大批雏鸡捡出后,少量尚未出壳的胚蛋应合并后重新装入出雏机内,适当延长其发育时间。出雏阶段的管理工作非常重要,温度、湿度、通风等一旦出现问题,即使时间较短,也会引起雏鸡的大批死亡。

(6)孵化场的卫生管理

①孵化厅卫生标准:孵化室、更衣室、淋浴间、办公室、走廊地面清洁无垃圾,墙壁及天花板无蜘蛛网、无灰尘绒毛,地面保持火碱溶液或其他消毒剂的新鲜度。顶棚无凝集水滴,地面清洁,无蛋壳等垃圾,无积水存在,值班组人员每次交班之前10分钟用消毒剂拖地1遍,接班人员监督检查。

出雏室地面无绒毛、蛋壳等垃圾存在,无积水存在,墙壁干净整洁,无蜘蛛网灰尘。

孵化室、出雏室地沟、下水道内清洁,无蛋壳及绒毛存留,每周2次用2%火碱溶液消毒。

拣雏室内地面无蛋壳、绒毛存在,冲刷间干净整洁,浸泡池内无垃圾。发雏厅及接雏厅每次发放完雏鸡后,无蛋壳、鸡毛等垃圾存在,并用2%火碱溶液彻底消毒。

孵化间、出雏间、缓冲间内物品摆放整齐有序,地面无垃圾,每周至少消毒2次。纸箱库内物品分类摆放,整齐有序,地面干净整洁。

夏季使用湿帘或水冷空调降温时，及时更换循环用水，保持水的清洁卫生，必要时加入消毒剂。

室内环境细菌检测达合格标准。

②孵化器、出雏器卫生标准：孵化器内外、机顶干净整洁，无灰尘，无绒毛。壁板及器件光洁无污染。底板无蛋壳、蛋黄、绒毛及灰尘。加湿盘内无铁锈、蛋壳等垃圾，加湿滚筒清洁无污物。风筒内无灰尘，风扇叶无灰尘、无绒毛，温湿度探头上无灰尘、无绒毛。

控制柜内清洁卫生，无绒毛、灰尘、杂物。电机（风扇电机、翻蛋电机、风门电机、冷却电机、加湿电机）上无灰尘、无绒毛、无油污。入孵前细菌检测为合格标准。

③孵化场区隔离生产管理办法：未经允许，任何外人严禁进入孵化室。允许进入孵化室的人员，必须经过洗澡更衣，换鞋，有专人引导，并且按照一定的行走路线入内。

孵化室人员，除平时休班外，严禁外出，休班回场必须洗澡消毒更衣换鞋。维修人员进入孵化室，须洗澡更衣换鞋后方可进入。严禁携带其他动物、禽鸟及其产品进入孵化室。

接雏车辆需经喷雾消毒、过火碱油后才能进入孵化场。接雏人员只能在接雏厅停留，严禁进入其他区域，由雏鸡发放员监督。

运送种蛋的车辆需经彻底的消毒后再进入孵化场。每次雏鸡发放结束后，全面打扫存放间、发雏室、接雏厅、客户接雏道路并用2%的火碱溶液全面喷洒消毒。

及时处理照蛋、毛蛋及蛋壳，不得在孵化厅室存放过夜。

进入孵化厅的物品须经有效的消毒处理后方可带进。孵化室备用工作服在每次使用后立即消毒清洗。

外来人员离开孵化室后，其所经过的区域，用2%的火碱溶液喷雾消毒。定期清理孵化场周围的垃圾等杂物，每月消毒1次。定期投放鼠药，减少鼠类对孵化场设备、种蛋的损害。

8. 生产中孵化不良的原因有哪些

孵化不良的原因有先天性和后天性的两大类。每一类中，尚存在许多具体的因素。

(1)影响种蛋受精率的因素：种蛋受精率，高的应在90%以上，一般应在80%以上。若不足80%，应该及时检查原因，以便改进和提高。影响种蛋受精率的主要原因有种鸡群的营养不良，特别是饲料中缺少维生素A的供给；公、母鸡配种比例失调，鸡群中种公鸡太少；气温过高或过低，导致种公鸡性活动能力的降低；公鸡或有腿病，或步态不正，影响与母鸡交配；公、母鸡体重悬殊太大，特别是公鸡很大而母鸡太小，常造成失配等。

(2)孵化期胚胎死亡的原因：鸡蛋在孵化期常出现胚胎死亡现象，给养殖户造成损失。引起胚胎死亡的原因是多方面的。

①孵化前期(1～5天)

Ⅰ.种蛋被病菌污染：病菌主要是大肠杆菌、沙门杆菌等，或经母体侵入种蛋，或检蛋时未妥善处理，被病菌直接感染，造成胚胎死亡。因此种蛋在产后1小时内和孵化前都要严格消毒，方法为1∶1000新洁尔灭溶液喷于种蛋表面，或按每立方米空间30毫升福尔马林加15克高锰酸钾熏蒸20～30分钟，并保持温度为25～27℃，湿度75%～80%。

Ⅱ.种蛋保存期过长：陈蛋胚胎在孵化开始的2～3天内死亡，剖检时可见胚盘表面有泡沫出现、气室大、系膜松弛，因此种蛋应在产后7天内孵化为宜。

Ⅲ.剧烈震动：运输中种蛋受到剧烈震动，致使系膜松弛、断裂、气室流动，造成胚胎死亡。因此，种蛋在转移时要做到轻、快、稳，运输过程中做好防震工作。

Ⅳ.种蛋缺乏维生素A：胚胎缺乏必需的营养成分导致死亡，在种鸡饲养时应保证日粮营养丰富、全面。

②孵化中期(6～13 天):胚胎中期死亡主要表现为胚位异常或畸形。主要是种蛋缺乏维生素 D、维生素 B_2 所致。应加强种鸡的饲养。

③孵化后期(14～16 天)

Ⅰ.通风不良,缺氧窒息死亡:剖检可见脏器充血或淤血,羊水中有血液。因此,必须保持孵化室内通风良好,空气清新,氧气达到 21%,二氧化碳低于 0.04%,不得含有害气体。

Ⅱ.温度过高或过低:温度过低,胚胎发育迟缓;温度过高,脏器大量充血,出现血肿现象。孵化期温度控制的原则是前高、中平、后低,即前中期为 38℃, 后期为 37～38℃。

Ⅲ.湿度过大或过小:湿度过大,胚胎出现“水肿”现象,胃肠充满液体;湿度过小,胚胎“木乃伊”化,外壳膜、绒毛干燥。湿度控制原则是两头高、中间低,即前期湿度为 65%～70%,中期为 50%～55%,后期为 65%～75%。

④出雏(17～18 天):出雏死亡表现为未啄壳或虽啄壳但未能出壳而致死亡。原因是种蛋缺乏钙、磷;喙部畸形。

综合以上原因可知,前期鸡胚胎死亡主要是因为种蛋不好,或因内源性感染,中期主要是营养不良,后期主要是孵化条件不良所致。养殖户应对症下药,加强管理,积极预防,以取得最大的经济效益。

9. 雏鸡如何进行强弱分级

雏鸡经性别鉴定(方法见前述)后,即可按体质强弱进行分级。健康的雏鸡精神活泼,眼睛明亮;绒毛均匀、干净、整齐,具有本品种的羽毛色;除个别小型鸡种以外,初生体重应为 35～42 克;腹部大小适中;脐门收缩良好,肛门也干净利落,不粘有黄白色的稀便;两腿结实,站立稳健;喙、胫、趾色素鲜浓;全身没有畸形表现。

较弱的雏鸡,精神表现一般,脐门愈合不良,摸得着小疙瘩;出雏时蛋壳上粘有血液；腹大，体重有时超过标准；出现非品种化的青腿，有时脐门见有绿环色素；两腿张开，站立不稳；出现较轻的畸形，如单眼、单腿曲趾等。可把这类雏鸡列为弱雏群，精心养育，多数能成活。

凡有下列情况的雏鸡要坚决淘汰，千万不要入群饲养：拖黄，即脐外尚有卵黄囊外露；吐黄，即雏鸡啄壳处蛋黄往外淌；颅瘤，即头顶出现 1 个粉红色的肉瘤；双眼失明，上下喙吻合极度不良，双腿曲趾；精神呆滞，颈部无力，站不直，身体瘫痪；出壳时流血过多；除小型鸡种外，初生重在 35 克以下。

10. 如何存放雏鸡

雏鸡存放室的温度较温暖，一般要求 24～28℃，通风良好并且无穿堂风。雏鸡盒的码放高度不能太高，一般不超过 10 个，并且盒之间有缝隙，以利于空气流通。不要把雏鸡盒放在靠暖气、窗户处，更不能日晒、风吹。雏鸡应当尽快运到鸡场，越早运到饲养场，饲养效果越好。

第五章　饲养管理的相关问题

一、育雏期饲养管理问题

1. 育雏季节如何选择

散养土鸡主要是想获得土鸡肉和土鸡蛋，因此可根据鸡群周转计划进行全年人工育雏，只是散养时根据气候情况、鸡只的生长情况灵活掌握散养时间和散养的距离即可。

(1)春雏：指 2～5 月份孵出的鸡雏，尤其是 3 月份孵出的早春雏。春季气温逐渐上升，阳光充足，对雏鸡生长有利，育雏成活率高。到中鸡阶段，由于气温适宜，舍外活动时间长，可得到充分的运动与锻炼，因而体质强健，对以后天然放牧采食、预防天敌非常有利。春雏性成熟早、产蛋持续时间长，尤其早春孵化的雏鸡更好。

(2)夏雏：指 6～8 月份出壳的小鸡雏。夏季育雏保温容易，光照时间长，但气温高，雨水多，湿度大，雏鸡易患病，成活率低。如饲养管理条件差，鸡生长发育受阻，体质差，当年不开产，产蛋持续期短，产蛋少。

(3)秋雏：指 9～11 月份出壳的小鸡雏。外界条件较夏季好转，发育顺利，性成熟早，开产早，但成年体重和蛋重减小，产蛋时间短。

(4)冬雏：指 12 月至翌年 2 月份出壳的鸡雏。保温时间长，活动多在室内，缺乏充足的阳光和运动，发育会受到一定影响。但疾病较少，育雏率较高，由于育成时间长，饲养成本较高。

2. 雏鸡有哪些生理特点

雏鸡(0～5 周龄)的体温调节功能还不健全，不能直接把雏鸡散养到自然环境中，应在育雏室中保温饲养。因此，了解和掌握雏鸡的生理特点，对于科学育雏至关重要。

(1)体温调节能力差：雏鸡个体小，绒毛稀短，抗寒能力差。刚出壳的雏鸡体温比成年鸡低 2℃，为 39℃左右，直到 10 日龄时才逐渐恒定，达到正常体温。体温调节能力到 3 周龄末才趋于完善。因此，育雏期要有人工控温设施，保证雏鸡正常生长发育所需的温度。

(2)消化能力弱：幼雏嗉囊和肌胃容积很小，贮存食物有限，消化机能尚未发育健全，消化能力差。因此要求饲料养分充足，营养全面，容易消化，特别是蛋白质饲料要充足。饲喂要少吃多餐，增加饲喂次数。饲粮中粗纤维含量不能超过 5%，配方中应减少菜籽饼、棉籽饼、芝麻饼、麸皮等粗纤维高的原料，增加玉米、豆粕及鱼粉的用量。

(3)代谢旺盛，生长迅速：雏鸡一周龄时体重约为初生重的 2 倍，至 6 周龄时约为初生重的 15 倍，其前期生长发育迅速，在营养上要充分满足其需要。由于生长迅速，雏鸡的代谢很旺盛，单位体重的耗氧量是成鸡的 3 倍，在管理上必须满足其对新鲜空气的需要。

(4)胆小易惊，抗病力差：雏鸡胆小，异常的响动、陌生人进入鸡舍和光线的突然改变等都会造成惊群。生产中应创造安静的育雏环境，饲养人员不能随意更换。

(5)免疫力弱：雏鸡抵抗力弱，很容易受到各种有害微生物的侵袭而感染疾病。雏鸡免疫系统功能低下，对各种传染病的易感性较强，生产中要严格执行免疫接种程序和预防性投药，增加雏鸡的抗病力,以防患于未然。

(6)合群性强:雏鸡模仿性强,喜欢大群生活,一块儿进行采食、饮水、活动和休息。因此,雏鸡适合大群高密度饲养,有利于保温。但是雏鸡对啄斗也具有模仿性,密度不能太大,防止啄癖的发生。

(7)初期易脱水:刚出壳的雏鸡如果在干燥的环境中存放时间过长,很容易在呼吸过程中失去很多水分,造成脱水。育雏初期干燥的环境也会使雏鸡因呼吸失水过多而增加饮水量,影响消化机能。因此鸡在出雏之后的存放期间、运输途中及育雏初期必须注意湿度问题以提高育雏的成活率。

3. 育雏方式有哪些

饲养者可根据自己的条件、雏鸡的数量及育雏的季节等因素来确定育雏方式。一般有箱育雏、地面平养、笼养、网上平养等方式。

(1)箱育雏:箱育雏就是在育雏室内用木箱、箩筐或纸箱加电灯供热保温的方法育雏。育雏箱长100厘米、宽50厘米、高50厘米,上部开两个通风孔。将雏鸡置于垫有稻草或旧棉絮的育雏箱中,60瓦的灯泡挂在离雏鸡40～50厘米的高度(根据灯泡大小、气温高低、幼雏日龄灵活调整其高度)供热保温。如果室温在20℃以上,挂1盏60瓦的灯泡供热即可;如果室温在20℃以下,则要挂2盏60瓦的灯泡供热。雏鸡吃食和饮水时,用手将其捉出,喂饮完后再捉回育雏箱内。如果室温过高,需打开育雏箱的顶盖。若是夏季不论白天晚上育雏箱都要盖上一层蚊帐布,以防蚊叮;如不打开箱顶盖,其上的通风孔也应盖上一层蚊帐布。如果室内温度过低,通过在育雏箱上加盖单被来调节箱内温度,但要注意通风换气。4～5日龄后,当室外气温在18℃以上且无风时,可适当让雏鸡到室外活动。箱内垫料注意更换,保持箱内干燥。

箱育雏设备简单，但保温不稳定，需要精心看护，效率较低，仅适于小规模培育幼雏。

(2)笼养：笼养有增加饲养密度、节省建筑面积和土地面积、便于管理等优点，也是散养土鸡采用最多的育雏方式。

①立体育雏笼：一般四层立体育雏笼 140 厘米宽，420 厘米长，每层高度 20～30 厘米，两层笼间设置承粪板，间隙 5～7 厘米。使用这种育雏笼时，要注意上下的温差，尤其是在冬季，一般先用上面 2 层育雏，待雏鸡稍大以后，再将体重大的逐渐移至下面 2 层。

②小笼或立体小笼育雏：采取每群为 50～100 只的小群体育雏，育雏笼的宽度不超过 70 厘米，每笼长度不超过 140 厘米。

(3)网上平养：网上育雏即在离地面 50～60 厘米高处，架上网片，把雏鸡饲养在网上。网上平养由于鸡的排泄物可以直接落入网下，雏鸡基本不同粪便接触，从而减少与病原接触，减少再感染的机会，尤其是对防止球虫病和肠胃病有明显的效果；网上平养不用垫料，减轻了劳动量，减少了对雏鸡的干扰，从而减少雏鸡发生应激的可能，提高雏鸡的成活率，但网上平养造价相对较高。

大型鸡场常用大群全舍网上平养幼雏或大群围栏网上平养幼雏，但小型鸡场及农村养殖户，一般可采用小床网育。网床由底网、围网和床架组成。网床的大小可以根据育雏舍的面积及网床的安排来设计，一般长为 1.5～2 米，宽 0.5～0.8 米，床距地面的高度为 50～60 厘米。床架可用三角铁、木、竹等制成，床底网可采用 1.2 厘米×1.2 厘米规格网目，在育 0～21 日龄的幼雏时在底网上铺一层 0.5 厘米×0.5 厘米网目的塑料网即可。网床的四周应加高度为 40～50 厘米(底网以上的高度)的围网，以防雏鸡掉下网床。

(4)地面平养：地面平养就是在铺有垫料的地面上饲养雏鸡，这种育雏方式最为经济，简单易行，无需特殊设备，是目前小型鸡场和农村养殖户普遍采用的方式。缺点是雏鸡直接与垫料和粪便接触，卫生条件差，易感染疫病，并且要占用较大的房舍面积。另外，为保持垫草干燥，需要经常更换垫草，劳动量较大。

地面平养的育雏房要有适宜的地面，最好是水泥光滑地面，兼有良好的排水性能，以利于清洁卫生。

地面平养要用育雏围栏（材料用竹围栏、木板、纸板均可）在育雏室内围成若干小区。育雏围栏的作用是将雏鸡限定在一个较小的范围内栖息、活动，这样雏鸡不会因离保温器太远而受寒，又容易找到饮水和饲料。以后随着雏鸡日龄的增长、自我调节温度的能力增强而逐渐扩大围栏的范围，扩大雏鸡的活动空间，又不致受热。育雏室内育雏围栏的高度一般在50厘米即可，育雏围栏围成小区的长与宽取决于所采用的保温设备及每群育雏数量的多少。用斗形或伞形保温器保温（保温伞直径100厘米左右），一般情况下小区的长与宽约1.5～2米，如果室温较低，可直接将育雏围栏围在保温器伞盖下方以护热，使区域的大小与保温器伞盖的覆盖范围相当。直接用红外线灯泡供热保温，则宜将育雏围栏围在灯泡下的较小范围内。育雏围栏围成的小区，在开始育雏时可小些，以后逐渐扩大。具体围多少个小区，要根据育雏规模确定。

地面平养需要在育雏围栏围成的小区地面上铺垫料，垫料可采用稻草和麦秸等，但必须是新鲜、没有发霉，清洁而干燥，麦秸、稻草需铡成1～2厘米长短。

地面平养一般采用更换垫料育雏和加厚垫料育雏两种方法。更换垫料育雏是将雏鸡养育在铺有3～5厘米厚的清洁而干燥的垫料上，当垫料被粪尿污染时，要及时用新垫料予以更换。不及时更换垫料，幼雏易患球虫等寄生虫病、肠胃病，易造成鸡间生长不一致及饲料浪费。加厚垫料育雏是在地面上先铺一层熟石灰后，铺上8～10厘米厚的垫料层，当垫料被粪尿污染后，及时加铺一层4～5厘米厚的新垫料，直到厚度增至20厘米为止。此法不更换垫料，垫料在育雏结束时一次清除，可省去经常更换垫料的繁重劳动，同时减少鸡的应激，垫料发酵产生的热，可供雏鸡取暖。

4. 育雏前要做哪些准备工作

为了使育雏工作能按预定计划进行，取得理想效果，育雏前必须充分做好各项准备工作。

（1）房舍、设备条件：如果利用旧房舍和原有设备改造后使用的，要计算改造后房舍设备的每批育雏量有多少。如果是标准房舍和新购设备，则计算平均每育成一只雏鸡的房舍建筑费及设备购置费，再根据可能用于房舍设备的资金额，确定每批育雏的只数及房舍设备的规模。育雏室应该保温良好，便于通风、清扫、消毒及饲喂操作。用前需经修缮，堵塞鼠洞。

（2）可靠的饲料来源：根据育雏的饲料配方、耗料量标准以及能够提供的各种优质饲料的数量（特别要注意蛋白质饲料及各种添加剂的满足供应），算出可养育的只数及购买这些饲料所需的费用。

（3）资金预计：将房舍及饲料费用合计，并加上适当的周转资金，算出所需的总投资额，再看实际筹措的资金与此是否相符。

（4）其他因素：要考虑必须依赖的其他物质条件及社会因素如何，如水源是否充足，水质有无问题，特别是电力和燃料的来源是否有保证，育雏必需的产前、产后服务（如饲料、疫苗、常用物资等的供应渠道及产品销售渠道）的通畅程度与可靠性。

最后将这四个方面的因素综合分析，确定每一批育雏的只数规模，这个规模大小应建立在可靠的基础上，也就是要求上述几个因素应该都有充分保证，同时应该结合市场的需求，收购价格和利润率的大小来确定。每一批的育雏只数规模确定后，再根据一年宜于养几批，决定全年育雏的总量。

其次，需要选择适宜的育雏季节和育雏方式，因为选择得当，可以减少费用开支而增加收益。实际上育雏季节与方式的选择，在确定育雏规模和数量时就应结合考虑进去。

5. 育雏要准备哪些用品

(1)保温设备：无论采用什么热源，都必须事先检修好，进雏前经过试温，确保无任何故障。如有专门通风、清粪装置及控制系统，也都要事先检修。

①煤炉、热风炉等：以煤等为原料的加热设备，需进行检查维修。

②锅炉供暖：分水暖型和气暖型。育雏供温以水暖型为宜。

③红外线供暖：红外线发热原件有两种主要形式，即明发射体和暗发射体，两种都安装在金属反射罩下。

(2)育雏设备及用具的准备：根据育雏规模，准备好育雏伞、料槽、饮水器、垫草、燃料、围栏、资金、育雏记录表等。

(3)供温设施测试：进雏前 2～3 天，对育雏舍进行供温和试温，观察能否达到育雏要求的温度，能否保持恒温，以便及时调整。

(4)饲料准备：雏鸡用全价配合饲料，雏鸡 0～5 周龄累计饲料消耗为每只 800 克左右。自己配合饲料要注意原料无污染、不霉变。最好现用现配，一次配料不超过 3 天用量，因为饲料中的有些营养成分会被氧化。饲料形状以颗粒破碎料(鸡花料)最好。

(5)垫料的准备：在平面育雏时一般都采用垫料，垫料要求干燥、清洁、柔软、吸水性强、灰尘少，使用前需在太阳底下进行日晒消毒，要注意不断翻动，以便彻底消毒。

(6)燃料：均要按计划的需要量提前备足。

(7)药品及添加剂：为了预防雏鸡发生疾病，适当地准备一些药物是必要的。消毒药如煤酚皂、紫药水、新洁尔灭、烧碱、生石灰、高锰酸钾、甲醛等；用以防治白痢病、球虫病的药物如呋喃唑酮、球痢灵、氯苯肌、土霉素等。添加剂有速溶多维、电解多维、口服补液盐、维生素C和葡萄糖等。

(8)疫苗：主要有新城疫疫苗、传染性法氏囊病疫苗、传染性支气管炎疫苗等。

(9)其他用品：包括各种记录表格、温度计、连续注射器、滴管、刺种针、台秤和喷雾器等。

6. 进雏前育雏舍如何进行消毒

无论是新建鸡舍还是原来利用过的鸡舍，在进鸡之前都必须经过严格的清洗和消毒。

(1)清舍：首先清扫屋顶、四周墙壁以及设备内外的灰尘等脏物。

(2)清洗：将食槽和饮水器具浸泡在加入清洁剂的消毒水池中，清洗干净后用消毒剂溶液浸泡，最后用清水冲洗干净、晾干备用。网上饲养要用高压水枪冲洗笼网，尤其是底网片连接处。墙壁和地面先用高压水枪喷湿，可在水中加入清洁剂，以便于清洗干净。数小时后用高压水枪冲洗，冲洗干净以后，在水中加入广谱消毒剂喷洒消毒一遍。

(3)周围环境：清除雏鸡舍周围环境的杂物，然后用火碱水喷洒地面，或者用白石灰撒在鸡舍周围。

(4)熏蒸消毒：上述清洗消毒完成以后，将水盘和料盘以及育雏所用的各种工具放入舍内，然后关闭门窗，用福尔马林熏蒸消毒。熏蒸时要求鸡舍的湿度70%以上，温度10℃以上。消毒剂量为每立方米体积用福尔马林42毫升加42毫升水，再加入21克高锰酸钾。1～2天后打开门窗，通风晾干鸡舍。如果距进鸡还有一段时间，可以一直封闭鸡舍到进鸡前3天左右。空舍2～3周后在进鸡前约3天再进行一次熏蒸消毒。

(5)鸡舍消毒后重新启用前的检查：确保所有设备都正常工作，各项环境指标正常。

7. 育雏舍如何试温和预热

雏鸡进舍前24小时必须对鸡舍进行升温，尤其是寒冷季节，温度升高比较慢，鸡舍的预热升温时间更要提前。在秋冬季节，墙壁、地面的温度较低，所以必须提前2～3天开始预热育雏舍，只有当墙壁、地面的温度也升到一定程度之后，舍内才能维持稳定的温度，但雏鸡舍的温度要求因供暖的方式不同而有所差异。采用育雏伞供暖时，1日龄时伞下的温度控制在35～36℃，育雏伞边缘区域的温度控制在30～32℃，育雏室的温度要求25℃。采用整室供暖（暖气、煤炉或地炕），1日龄的室温要求保持在29～31℃。如果运来雏鸡后，舍内温度仍不太稳定，可以先让雏鸡仍在运雏盒中休息，待温度稳定后再放入育雏器内。随着雏鸡的逐渐长大，羽毛逐渐丰满，保温能力逐渐加强，对温度的要求也逐渐降低，但不要采取突然降温的方法。

试温时温度计放置的位置：①育雏笼应放在最上层和第三层之间。②平面育雏应放置在距雏鸡背部相平的位置。③带保温箱的育雏笼在保温箱内和运动场上都应放置温度计测试。

8. 如何接雏

在雏鸡到达前，再检查一次育雏室所需的设备如饮水器、喂料器、垫料、保温设施等是否准备就绪，不足的补足。

若是购买的鸡苗，运回后尽快放到水源和热源处，然后将所有的鸡苗箱移出育雏舍处理。

自行孵化的进雏可以分批进行，尽量缩短在孵化室的逗留时间，以免早出壳的雏鸡不能及时饮水和开食，导致体质逐渐衰弱，影响生长发育，降低成活率。

9. 雏鸡如何分群

雏鸡要实行公母、强弱分栏饲养，每栏400～500只雏鸡为宜。分栏饲养使每只雏鸡均能充分采食，雏鸡生长良好，增重快，成活率高。

10. 雏鸡如何进行初饮

根据确认的大约到雏时间，在进雏前2小时将饮水器装满20℃左右的温开水，水中加入4%～5%的葡萄糖或白糖，并在水中加入“雏雏健”，用量为每500只雏鸡加半瓶盖“雏雏健”（“雏雏健”每盖可兑水10千克）。若无“雏雏健”需用维生素B_1＋维生素B_2＋维生素E＋维生素AD_3＋维生素C＋电解多维＋抗菌药（氟哌酸、恩诺、乳酸环丙及阿莫西林），以预防雏鸡白痢、脐带炎、大肠杆菌、支原体等垂直传播的疾病以及阻断病原体在雏群内的传播，减少雏鸡因运输、防疫、转群等造成的应激，增强抗病抗应激能力，促进雏鸡生长。对运输距离较远或存放时间太长的雏鸡，饮水中还需加适量的补液盐（食盐35克，氯化钾15克，小苏打25克，多维葡萄糖20克溶于1000毫升蒸馏水中）。添水量以每只鸡6毫升计算，将饮水器均匀地分布在育雏器内。饮水器放置的位置应处于鸡只活动范围不超过1.5米的地方均匀摆放，每只鸡至少占有2.5厘米水位，饮水器高度要适当，水盘与鸡背等高为宜，要随鸡生长的体高而调整水盘的高度，防止鸡脚进水盘弄脏水或弄湿垫料及绒毛，甚至淹死。

对于刚到育雏舍不会饮水的雏鸡，应进行人工调教，即手握住鸡头部，将鸡嘴插入水盘强迫饮1～2次，这样雏鸡以后便自己知道饮水了。若使用乳头饮水器时，每个乳头可供10～12只雏鸡饮水，最初可增加一些吊杯，诱鸡饮水。

饮水量一定要充足，随时自由饮用，绝不能间断饮水，尤其在高温季节，更应该保持充足的饮水。

在正常饲养管理环境下，雏鸡饮水量的突然变化多是疾病来临的征兆。因此，每天要认真观察、记录饮水情况，及时发现问题，以便及时采取相应的预防措施。

11. 雏鸡如何开食

雏鸡第1次喂食称为开食，开食时间一般掌握在初饮后2～3小时，开食在开食盘或硬纸上进行。

(1)开食饲料：开食的饲料要求新鲜，颗粒大小适中，易于啄食，营养丰富易消化，常用的是非常细碎的黄玉米颗粒、小米或雏鸡配合饲料。

(2)开食方法：初次喂料主要训练鸡群吃料。可将盛有饲料的开食盘(50只/个)均匀的摆放或将饲料撒在塑料布或纸上0.5～0.8厘米厚，让雏鸡自由采食。对尚不知道采食的雏鸡，应多次将其围拢到有饲料的地方，让其学着吃料。开食时少给勤添，前3天每2小时喂一次料。第1次喂料为每只鸡20分钟吃完0.5克为度，以后逐渐增加。下一次喂料，应将被污染饲料扫清。

(3)开食效果检查：凡是开食正常的雏鸡，第1天平均每只最多吃2～3克，第2天增加到5克左右，第3天可增加到7～10克。

开食良好的鸡，走进育雏室即可听到轻快的叫声，声音短而不大，清脆悦耳，且有间歇；开食不好的鸡，就有烦躁的叫声，声音大而叫声不停。

开食正常，雏鸡安静地睡在保温伞周围，很少站着休息，更没有吃食扎堆的现象。

(4)开食注意事项：在混合料或饮水中放入呋喃唑酮等药物，能大大减少白痢病的发生；如果在料中或水中再加入抗生素(氟哌酸、恩诺、乳酸环丙或阿莫西林中的一种)，大群发病的可能性更小，粪便也正常。但开食不好、消化不良的雏鸡仍然会出现类似白痢病的粪便，粘连在肛门周围。所以在开食时应特别注意以下几点：

①挑出体弱雏鸡：雏鸡运到育雏舍，经休息后，要进行清点将体质弱的雏鸡挑出。因为雏鸡数量多，个体之间发育不平衡，为了使鸡群发育均匀，要对个体小、体质差、不会吃料的雏鸡另群饲养，以便加强饲养，使每只雏鸡均能开食和饮水，促其生长。

②开食不可过饱：开食时要求雏鸡自己找到采食的食盘和饮水器，会吃料能饮水，但不能过饱，尤其是经过长时间运输的雏鸡，此时又饥又渴，如任其暴饮暴食，会造成消化不良，严重时可致大批死亡。

③延长照明时间：开食时为了有助于雏鸡觅食和饮水，雏鸡前3天内采取昼夜24小时光照。

④不能使雏鸡湿身：因抢水打湿羽毛的鸡只应捡出，置高温干燥处。

⑤随时清除开食盘中的脏物。

12. 育雏室温度如何控制

育雏期间温度必须适宜，平稳均匀，防止温度忽高忽低或骤然变化，育雏温度要随雏鸡日龄的增长逐渐降低，同时也要根据雏鸡的生长发育和外界气候条件灵活掌握。大致为0～1周龄在30～32℃，1～2周28～30℃，3～4周23～28℃，5～6周18～23℃。

(1)温度的测定：如果采用全舍供热方式，则测温位置应在距离墙壁1米与距离床面5～10厘米交叉处测得；如果采用综合供热方式，则应在距保温伞或热源25厘米与距床面5～10厘米交叉处测得。

衡量育雏温度是否合适，除了观察温度计外，更主要的是观察鸡群精神状态和活动表现。温度适宜时，雏鸡在育雏室内分布均匀，活泼好动，食欲旺盛，睡眠安静，睡姿伸展舒适，饮水适度，粪便正常；当温度过高时，雏鸡远离热源，伸颈张嘴呼吸，饮水量增加，初期惊叫不安，接着精神懒散，食欲下降，饮水量增大，腹泻，两翅下垂；温度过低，雏鸡聚集成堆，不思饮食，行动迟缓，颈羽收缩直立，夜间睡眠不安，相互挤压，时间稍长会造成大批压死现象。

(2)温度控制的稳定性和灵活性：雏鸡日龄越小，对温度稳定性的要求越高，初期日温差应控制在3℃之内，到育雏后期日温差应控制在6℃之内，避免因为温度的不稳定给生产造成重大损失。

温度的控制应根据鸡群和季节变化的情况灵活掌握。对健壮的雏鸡群育雏温度可以稍低些，在适温范围内，温度低些比温度高些效果好；对体重较小、体质较弱、运输途中及初期死亡较多的雏鸡群温度应提高些；夜间因为雏鸡的活动量小，温度应该比白天高出1～2℃；秋冬季节育雏温度应该提高些，寒流袭来时，应该提高育雏温度；接种疫苗等给鸡群造成很大应激时，也需要提高育雏温度；雏鸡群状况不佳，处于临床状态时，适当提高舍温可减少雏鸡的损失。

(3)注意事项：育雏重在保温，所以该阶段一定不要使雏鸡受凉，鸡舍的两端温度一定要够。应该调整好加热系统，使舍内的昼夜温差以及鸡舍不同部位的温差波动不能太大，鸡舍漏风处一定要封好；如果在寒冷季节，需要关注墙边，墙边的温度往往要和目标温度差7～8℃，最好墙边铺设塑料布将鸡隔开。

(4)雏鸡的温度锻炼：随着日龄的增长，雏鸡对温度的适应能力增强，因此应该适当降温。适当的低温锻炼能提高雏鸡对温度的适应能力。不注意及时降温或长时间在高温环境中培育的鸡群，常有畏寒表现，也易患呼吸道疾病。秋天的雏鸡即将面临严寒的冬天，尤其需要注意及时降温，培育鸡群对低温的适应力。

降温的速度应该根据鸡群的体质和生长发育的状况，根据季节气温变化的趋势而定，大致每天降低0.5℃，也可每周降3℃。

供暖时间的长短应该依季节变化和雏群状况而定。秋冬育雏供暖时间应该长一些，当育雏温度降至白天最低温度时，就可以停止白天的供暖，当夜间的育雏温度降至夜间的最低温度时，才可以停止夜间的供暖。在昼夜温差较大的地区，白天停止供热后，夜间仍需继续供热1～2周。

13. 育雏室湿度如何调节

湿度控制原则是前高后低。一般前20天的相对湿度应保持60%～70%。如果前期过于干燥易引起脱水，羽毛生长不良、影响采食且空气中浮尘，易引起呼吸道疾病。因此应在热源处放置水盆、挂湿物或往墙上喷水等以提高湿度。试验表明第1周保持舍内较高的湿度能使一周内死亡率减少一半。前期过于干燥，雏鸡饮水过多，也会影响鸡正常的消化吸收。

要掌握好湿度与温度的关系。防止低温高湿、高温高湿以及高温低湿带来的危害。低温高湿，鸡舍内又潮又冷，雏鸡容易发生感冒和胃肠疾病；高温高湿，鸡舍如同蒸笼，鸡体热不易散发，食欲减退，生长缓慢，抵抗力减弱；高温低湿，鸡舍燥热，雏鸡体内水分大量散失、卵黄吸收不良、绒毛干枯变脆、眼睛发干，易患呼吸道疾病。

14. 育雏期通风如何调节

育雏期室内温度高，饲养密度大，雏鸡生长快，代谢旺盛，呼吸快，需要有足够的新鲜空气。另外舍内粪便、垫料因潮湿发酵，常会散发出大量氨气、二氧化碳和硫化氢，污染室内空气。所以，育雏时既要保温，又要注意通风换气以保持空气新鲜。在保证一定温度的前提下，应适当打开育雏室的门窗，通风换气增加室内新鲜空气，排出二氧化碳、氨气等不良气体。一般以人进入育雏舍内无闷气感觉，无刺鼻气味为宜。在冬天育雏和育雏前期(3周龄前)，可在育雏舍安装风斗（上罩布帘）或纱布气窗等办法，使冷空气逐渐变暖和后流进室内，3 周龄后，可选择晴暖无风的中午，开窗通风透气。

通风换气要注意避免冷空气直接吹到雏鸡身上，而使其着凉感冒；也忌间隙风。育雏箱内的通气孔要经常打开换气，尤其在晚间要注意换气。

15. 育雏期光照如何控制

0～3 日龄，每天 24 小时光照，4～7 日龄，每天 22 小时光照，8 日龄开始至第 5 周龄为 16 小时光照。光照控制一般是前 7 天采用 40 瓦的灯泡，从第 2 周开始，换用 25 瓦的灯泡即可。灯泡与灯泡之间的距离应为灯泡高度的 1.5 倍。舍内如果安装 2 排以上的灯泡，应交错排列。

16. 育雏期饲养密度多少合适

饲养密度的单位常用每平方米饲养雏鸡数来表示。密度大小应随日龄、通风、饲养方式等的不同而进行调整。在饲养条件不太成熟或饲养经验不足的情况下，不要太追求单位面积的饲养量和效益。饲养密度过大，可能造成饲养环境的恶化，影响生长和降低抗病力，反而达不到追求效益的目的。

一般来讲，笼养和网床饲养密度比落地散养大些，可以多养20%～30%的鸡。随着日龄增长及时调整饲养密度，要将公母、大小、强弱分群饲养。一般情况，1 周内每平方米可养 100 只，2～3 周每周减 20 只，4～5 周每周减 10 只。

17. 雏鸡如何合理饲喂

(1)饲喂：雏鸡从第 4 天开始分顿饲喂，开始喂的次数宜多不宜少，一般 1～14 日龄每天喂 6 次，早 5 点、8 点、11 点与下午 2 点、5 点、8 点，15～35 日龄每天喂 5 次。每次喂料量宜少不宜多，让雏鸡吃到“八分饱”，使其保持旺盛食欲，有利于雏鸡健康的生长发育。料的细度1～1.5毫米，细粒料可以增强适口性。

每周略加些不溶性河沙（河沙必须淘洗干净），每100只鸡每周喂200克，一次性喂完，不要超量，切忌天天喂给，否则常招致硬嗉症。

（2）提供充足的饮水：在某种意义上说，水比饲料还重要，因此在整个养鸡生产过程中，都不能断水，保证雏鸡能随时饮到清洁的水。这一点，对于中鸡、大鸡来说都是一样的。

18. 公雏需要哪些特殊管理

为了培养公雏腿胫长、平胸等雄性特征，0～6周龄的公雏采用自由采食，不限制它的早期生长，因为8周龄以后腿胫的生长速度就很缓慢了。

4周龄时抽测体重，要求均匀度85%，公鸡体重达到同批日龄母鸡体重的1.5倍。均匀度差的鸡群按体重分群，小鸡群增料10%～20%。

19. 雏鸡如何进行日常管理工作

严格执行免疫接种程序，预防传染病的发生。每天早上要通过观察粪便了解雏鸡健康状况，主要看粪便的稀稠、形状及颜色等。对于一些肠道细菌性感染（如白痢、霍乱等）要定期进行药物预防。20日龄前后，要预防球虫病的发生，尤其是地面垫料散养的鸡群。

（1）每天刷洗水槽、料桶（槽），注意在饮水免疫的当天水槽不要用消毒药水刷洗。

（2）每天定时通风换气。

（3）定期清理粪盘和地面的鸡粪，鸡群发病时每天必须清除鸡粪。清理鸡粪后要冲刷粪盘和地面，冲刷后的粪盘应浸泡消毒

30分钟，冲刷后的地面用2%的火碱水溶液喷洒消毒。

(4)定期更换入口处的消毒药和洗手盆中的消毒药，雏鸡舍屋顶、外墙壁和周围环境也要定期消毒。

(5)1～3日龄，普百克饮水，每日1次，每次40只鸡10毫升(预防肠道细菌性疾病，提高饲料转化率，促进生长)；16～18日龄，普百克饮水，每日1次，每次30～40只鸡10毫升，连用3天；30～35日龄，环丙沙星，5克/瓶，拌原粮70千克。

(6)做好0～5周龄的基础免疫工作。

(7)加强对雏鸡的观察，借助喂料的机会，查看雏鸡对给料的反应，采食速度、争抢程度、采食量是否正常；每天查看粪便的颜色和形状；观察雏鸡的羽毛状况、雏鸡大小是否均匀、眼神和对声音的反应；有无打堆、溜边现象；注意听鸡的呼吸声有无异常，检查有无病鸡、弱鸡、死鸡、瘫鸡。

(8)做好值班工作，经常查看鸡群，严防事故发生。温度是育雏成败的关键。即使有育雏伞、电热育雏器自动控温装置，饲养员也要经常进行检查和观察鸡群，注意温度是否合适，特别是后半夜自然气温低，稍有疏忽，煤炉灭火，温度下降，雏鸡挤堆，造成感冒、踩伤或窒息死亡。

(9)经常检查料桶是否断料，饮水器是否断水或漏水，灯泡是否损害或积灰太多；雏鸡是否逃出笼子或被笼底、网子卡着、夹着等；是否被哄到料桶中出不来或被淹入饮水器中；鸡群中是否有啄癖发生；及时挑出弱小鸡或瘫鸡等。

20. 雏鸡死亡的原因有哪些

雏鸡在饲养过程中，即使在饲养管理正常的状况下，雏鸡存栏数也会下降，这主要是由于弱雏死亡等造成的。这种存栏数下降只要不超出3%～5%，应当属于正常。

一般来说，雏鸡死亡多发生在10日龄前，因此称为育雏早期的雏鸡死亡。育雏早期雏鸡死亡的原因主要有两个方面：一是先天的因素，二是后天的因素。

(1)雏鸡死亡的先天因素

①导致雏鸡死亡的先天因素主要有鸡白痢、脐炎等病。这些疾病是由于种蛋本身的问题引起的。如果种蛋来自患有鸡白痢的种鸡，尽管产蛋种鸡并不表现出患病症状，但由于确实患病，产下的蛋经由泄殖腔时，使蛋壳携带有病菌，在孵化过程中，使胚胎染病，并使孵出的雏鸡患病致死。

②孵化器不清洁，沾染有病菌。这些病菌侵入鸡胚，使鸡胚发育不正常，雏鸡孵出后脐部发炎肿胀，形成脐炎。这种病雏鸡的死亡率很高，是危害养鸡业的严重鸡病之一。

③由于孵化时的温度、湿度及翻蛋操作方面的原因，使雏鸡发育不全等也能造成雏鸡早期死亡。

上述是由于雏鸡先天发育中所产生的疾病等引起的雏鸡早期死亡。防止这些疾病的出现，主要是从种蛋着手。一定要选择没有传染病的种蛋来孵化蛋鸡，还必须对种蛋进行严格消毒后再进行孵化。孵化中严格管理，使各种胚胎期的疾病不致发生，孵化出健壮的雏鸡。

(2)雏鸡死亡的后天因素：后天因素一是指孵化出的雏鸡本身并没有疾病，而是由于接运雏鸡的方法不当或忽视了其中的某些环节而造成雏鸡的死亡。

其次是由于育雏管理不当，如温度太高或太低，湿度太高或太低，以及养鸡设备等使用不当，或者被动物侵犯，而致雏鸡受伤以致死亡。只要严格按要求去饲养管理可以防止这些后天致死因素的出现。

(3)饲料单一，营养不足：饲料单一，营养不足也是后天因素的一种，农家养雏鸡习惯用大米、谷子等粮食加工的副产品，饲料单一，营养不足，不能满足雏鸡生长发育需要，因此雏鸡生长缓慢，体质弱，易患营养缺乏症及白痢、气管炎、球虫等各种病而导致大量死亡。

（4）不注重疾病防治：不注重疾病防治也是引起雏鸡死亡的后天因素。家饲养雏鸡数量少，让母鸡带养，不及时做防治工作，造成雏鸡患病大量死亡。

21. 雏鸡如何脱温

雏鸡随着日龄的增长，采食量增大，体重增加，体温调节机能逐渐完善，抗寒能力较强，或育雏期气温较高，已达到育雏所要求的温度时，此时要考虑脱温。脱温或称离温是育雏室内由取暖变成不取暖，使雏鸡在自然温度条件下生活，为散养做准备。

脱温时期的早、晚因气温高低、雏鸡品种、健康状况、生长速度快慢等不同而定，脱温时期要灵活掌握。春雏一般在 6 周龄，夏雏和秋雏一般在 5 周龄脱温。

脱温工作要有计划逐渐进行。如果室温不加热能达到 18℃以上，就可以脱温。如达不到 18℃或昼夜温差较大，可延长给温时间，可以白天停温，晚上仍然供温；晴天停温，阴雨天适当加温，尽量减少温差和温度的波动，做到“看天加温”。约经 1 周左右，当雏鸡已习惯于自然温度时，才完全停止供温。

二、转群、分群问题

雏鸡脱温以后便进入育成阶段，这时就要把育成鸡转入散养地的鸡舍了。鸡群转入散养地前要做好相应的准备工作，同时为了减少应激还要做好后备鸡的选留工作。

1. 转群前的准备工作有哪些

雏鸡转入散养地鸡舍前要做好相应的准备工作。

（1）环境消毒：转入鸡群前15天要对建好的散养地鸡舍及其周围环境进行消毒。

（2）搭好遮雨篷：在散养地鸡舍外搭好遮雨篷，以防止雨水淋湿补料的料槽。

（3）准备饲槽及饮水器：在转群后的前3天里，喂料和饮水都应该在散养地鸡舍内进行，要每100只鸡准备一个8千克塑料饮水器。饲槽按每只鸡3厘米采食宽度设置，也可选用塑料桶。同时把饲料事先放进饲料桶，这样育成鸡一到新家，就能够马上有食可吃，喝上水，它们很快就能安静下来，这对于缓解因为转群而产生的应激反应很有帮助。

（4）饮水用具消毒：用消毒剂消毒清洗饮水器。

（5）淘汰残弱鸡：对拟上山的鸡进行淘汰选择，主要是淘汰有病、残疾、体弱鸡只单区域圈养。

（6）应激的防治：从相对封闭的育雏舍转到育成舍，这些育成鸡的胆子还很小，一旦受到惊吓就会造成应激反应，影响采食。因此，转群前3天，在饲料中加入电解质或维生素，每天早、晚各饮1次。另外，结合转群可进行疫苗接种，以减少应激次数。

2. 如何进行后备鸡的选留

转群时为了减少应激还要做好后备鸡的选留工作。

青年种公鸡要选择鸡冠红润、眼睛明亮有神、羽毛有光泽、行动灵活、腿部修长有力、龙骨与地面成45°、胸部平坦、体重是母鸡1.5倍左右的健壮公鸡。青年种母鸡，除了有病和瘦弱或有缺陷之外，都留用，根据留种比例及实际鸡数，宁可多留一些，以防不足。留种公鸡、母鸡比例（15～17）∶100。

留作种用的后备种鸡散养至后备种鸡区域单独管理，其他鸡只全部放入育肥区域进行育肥管理。

3. 如何转入鸡群

转群时选择晚上最好，第一是为了减少它的应激，第二是抓鸡的时候比较方便，因为鸡不会乱跑。在转群过程中，因为青年鸡骨头比较脆，如果只抓翅膀或者腿部，不仅会使鸡产生应激反应，而且很容易造成骨折或者其他脏器的损伤。因此无论抓鸡还是放鸡，都要双手捧住鸡的腹部，然后再把鸡抱起来，轻抓轻放。转群可以用转运笼，从笼中抓出或放入笼中时，动作要轻，防止抓伤鸡皮肤。装笼运输时，不能过分拥挤。

三、育肥鸡的饲养管理问题

1. 育肥鸡有何生理特点

6～7 周龄转入育肥区域的鸡实际上还处于育成期，但脱温后的育成鸡羽毛已基本覆盖全身，消化系统功能趋于完善，采食量增加，消化能力增强，脂肪沉积多，绝对生长最快，肉的品质得以完善，是决定育肥土鸡商品价值和养殖效益的重要阶段。因此，在饲养管理上要抓住这一特点，使育成鸡迅速达到上市体重出售。

2. 育肥鸡采用何种饲养方式

育肥期的土鸡为了适应将来散养的需要，要采取舍内平养、舍外散养、公母继续分栏方式饲养。但舍内必须设网床、架床或栖架（不要把鸡直接放到育成舍的土地上饲养，这样鸡一应激，就会尘土飞扬，生活在这种充满尘土的环境中，很容易引发鸡的呼吸道疾病，从而影响生长发育，甚至死亡）。

3. 育肥鸡如何进行日常管理工作

(1)温度管理:转入鸡群后要根据季节做好温度管理工作。冬季要做好舍内防寒保温工作;夏季应进行人工降温及降低饲养密度。

(2)训练鸡上架床或栖架:采用网床育雏的,若育成鸡继续采用网床则可省去训练鸡上网床的麻烦。若育成鸡采用架床或栖架作为过夜场所时,要耐心训练鸡上架床或栖架。开始时,把不知道上床(架)的鸡轻轻捉上架床或栖架,训练几天以后,鸡也就习惯上了。训练最好是在傍晚还能隐隐约约看见鸡时进行训练。

(3)适当分群:转群时要考虑鸡群的养殖密度,鸡群的规模要适中,如果同一批的育成鸡比较多,就要划分成几个群体来饲养,也就是大规模小群体的养殖方法,但要注意防止后备鸡和育肥鸡串群。

育肥鸡群散养密度为每亩 40～60 只,每群规模约为 500～1000 只为宜。一般选择 1 千克以上的鸡作为肥育鸡,将 1 千克以下的鸡清除出来另外饲养,对于患病的鸡也应清除,待病愈后再行催肥。

(4)更换饲料:在转群后的前 3 天里,喂料和饮水都应该在鸡舍里进行,这样对青年鸡尽快地熟悉新家,适应新的生活环境大有帮助。3 天之后,再逐步地把喂料和饮水挪到舍外,诱导青年鸡逐渐到舍外活动,让它们逐步适应散养的生活方式。

更换补饲饲料时饲料转换要逐渐过渡,第 1 天育雏料和生长期料对半,第 2 天育雏期料减至 40%,第 3 天育雏料减至 20%,第 4 天全部用生长期料。补饲时早晨少喂,晚上喂饱,中午酌情补喂。傍晚补饲一些配合饲料,补饲多少应该以野生饲料资源的多少而定。

(5)剪飞羽:为了防止散养时飞逃,在散养前要剪掉飞羽。

(6)适时散养:原则上春末、夏初至中秋是散养的最佳季节,但其他季节一样可以散养,只是补饲量和散养的距离远近不同。

①诱导训练:山地、林地散养鸡时因不设围网,所以要进行诱导训练,训练时人在前面用饲料诱导鸡上山,使鸡逐渐养成上山采食的习惯。为使蛋鸡按时返回棚舍,便于饲喂,蛋鸡在早晚放归时,可定时用敲盆或吹哨来驯导和调教。最好俩人配合,一人在前面吹哨开道并抛撒饲料(最好用颗粒饲料或玉米颗粒,并避开浓密草丛)让鸡跟随哄抢;另一人在后面用竹竿驱赶,直到全部进入散养区域。为强化效果,每天中午可以在散养区已设置好的补料槽和水槽内加入少量的全价配合饲料和干净清洁的水,吹哨并进食一次,同时饲养员应坚持等在棚舍,及时赶走提前归舍的鸡,并控制鸡群的活动范围,直到傍晚再用同样的方法进行归舍训导。如此反复训练几次,鸡群就建立起"吹哨—采食"的条件反射以后,若再次吹哨召唤,鸡群便很快回舍。初放几天,每天可放3～6个小时,以后逐渐延长时间。一般情况下,经过最初3天的引导,大部分鸡都能养成良好的生活习惯,每天早上自己出去,天黑时再回鸡舍栖息过夜。

②园地散养管理:果树喷洒农药时应尽量使用低毒高效或低浓度低毒的杀菌农药,或实行限区域放养,或实行禁放1周,避免鸡群农药中毒。放养场地不准外人和其他鸡只进入,以防带入传染病。同时要防止蛇、兽、大鸟等危害。

③大田散养管理:大田放养晚上适当补饲些粉碎的原粮(按配方搭配其他原料,如麸皮、豆饼、鱼粉、骨粉、石粉等)。大田放养地块一般不需喷药防治虫害,如确需喷药,可喷生物农药。或在喷药期间,将鸡关在棚舍内喂养,待药效过后再放养。

④山地、经济林散养管理:山地、经济林散养要注意的是在地面不见青的情况下,必须投喂青菜、嫩草或人工牧草。

(7)驱虫:驱虫不但能有效地预防鸡的各种肠道寄生虫病和部

分原虫病，确保鸡群健康成长且能节省饲料，降低饲养成本。在整个饲养周期中，一般驱虫2次为宜。第1次在8～9周龄时进行，主要是预防鸡盲肠肝炎；第2次在鸡17～19周龄时进行，这次驱虫的目的是预防鸡盲肠肝炎和驱除鸡体内各种肠道寄生虫。常用的驱虫药物有盐酸左旋咪唑（在每千克饲料或饮水中加入药物20克，让鸡自由采食和饮用，每日2～3次，连喂3～5天）、驱蛔灵（每千克体重用驱蛔灵0.2～0.25克，拌在料内或直接投喂均可）、虫克星（每次每50千克体重用0.2%虫克星粉剂5克，内服、灌服或均匀拌入饲料中饲喂）、复方敌菌净（按0.02%混入饲料拌匀，连用3～5日）、氨丙啉（按0.025%混入饲料或饮水中，连用3～5日）等。给鸡驱虫期间，要及时消除鸡粪，集中堆积发酵。

(8)日常卫生

①针对土鸡的易发病并结合当地疫情状况，做好相应日龄的基础免疫程序，防止疾病发生。

②每天刷洗水槽、料槽。

③定期清理地面的鸡粪。

④育成鸡舍同样也要做好杀灭蚊蝇、灭鼠工作。

⑤添料时要少加勤添，而且要每天吃净，防止饲料霉变。

⑥注意收听天气预报，天气不好时不要远牧，下暴雨、冰雹时，山地、林地散养的要及时将鸡收回舍内，以防发生意外。

⑦注意防范野兽和老鼠等的侵袭，如发现鼠害，可用生态型鼠药进行灭鼠。在实际生产中，有人在散养地饲养几只鹅来防止兽害效果较好。

⑧要想养好鸡，必须学会勤观察勤记录。每天应注意观察鸡群的动态，如精神状态、吃料饮水、粪便和活动状况等有无异常；记录好每天的耗料量、耗水量，才能及早发现问题及时分析处理。

4. 如何催肥育肥鸡

土鸡在8～18周龄时，生长速度较快，容易沉积脂肪，在饲养管理上应采取适当的催肥措施。采用原粮饲喂的，可适当增加玉米、高粱等能量饲料的比例；饲喂饲料的，可购买肉鸡生长料或使用自配的育肥料。要保证育肥土鸡有充足的饮水，补饲时可给育肥土鸡添喂占饲料量10%～20%的青饲料。出售前1～2周，如鸡体较瘦，可增加配合饲料喂量，限制散养进行适度催肥。中后期配合饲料中不要添加人工合成色素、化学合成的非营养添加剂及药物等，应加入适量的橘皮粉、松针粉、大蒜、生姜、茴香、八角、桂皮等自然物质以改变肉色，改善肉质和增加鲜味。

5. 如何适时销售育肥鸡

散养期太短，鸡肉中水分含量多，营养成分积累不够，鲜味素及芳香物质含量少，达不到优质土鸡的标准；散养期过长，肌纤维过老，饲养成本太大，不合算。因此，小型公鸡散养100天，母鸡120天上市；中型公鸡散养110天，母鸡130天上市。此时上市鸡的体重、鸡肉中营养成分、鲜味素、芳香物质的积累基本达到成鸡的含量标准，肉质又较嫩，是体重、质量、成本三者的较佳结合点。

出栏抓鸡时最好在早、晚，光线较暗、温度较低时捉鸡，捉鸡前用隔网将鸡群分成小群，以减少惊吓、拥挤造成的鸡群死亡，用隔网围起的鸡群大小应视鸡舍温度、鸡体重和捕捉人手多少而定。捕捉动作要轻柔而快捷。对于较小的鸡，可用手直接抓住其整个身体，但不可抓得太紧；对较大的鸡，可从后面握住其双腿，倒提起轻轻放入运输笼内，严禁抓翅膀和提一条腿，以免导致骨折。鸡出栏时，每筐装的鸡不可过多，以每只鸡都能卧下为度。

在育肥土鸡上市的时候，还必须考虑运输工作，有些鸡场往往由于运输环节抓得不好而发生鸡体损伤或中途死亡，造成不必要的损失。所以在运输时要做到及时安全，夏季应当晚上运输。装运时，鸡装笼不要太挤，笼底加铺垫底，车速不能太快，鸡笼不能震动太大，到目的地就要及时卸下，千万防止长时间日晒雨淋。

6. 如何进行售后消毒

为有效地杀灭病原微生物，育肥土鸡采用“全进全出”制。每批鸡出售后，鸡舍用2%烧碱溶液进行地面消毒，并用密封鸡舍用甲醛和高锰酸钾等进行熏蒸消毒，以备下批饲养。

四、后备鸡的饲养管理

1. 后备鸡有何生理特点

后备鸡是指雏鸡转群时选出的种鸡。后备种鸡前期的生长重点为骨骼、肌肉、非生殖器官和内脏，表现为体重增加较快，生长迅速。育成后期体重仍在持续增长，生殖器官（卵巢、输卵管）生长发育迅速，体内脂肪及沉积能力较强，骨骼生长速度明显减慢。生殖器官的发育对饲料管理条件的变化反应很敏感，尤其是光照和营养浓度。因此，育成后期光照控制很关键，同时要限制饲养，防止体重超标。育成鸡培育的关键是协调好体成熟和性成熟的关系，为产蛋期做好准备。

2. 后备鸡采用何种饲养方式

后备鸡饲养方式一般和育肥期基本相同。但后备鸡最重要的工作是限制饲喂、控制体重和控制光照，饲养管理方法要科学化，这跟育肥鸡有很大的不同。如果饲养管理不当，可导致成年种鸡生产性能低下，经济价值低，甚至失去种用价值。

3. 如何管理后备种鸡

后备种鸡的日常管理基本上同育肥鸡的管理，但也有其特殊性。

(1)密度：一般要求后备土鸡的散养密度在开产前应低于每亩60～80只鸡，一般散养规模以每群500只为宜。

(2)均匀度控制：传统的饲养方法，对土鸡不实行限制饲喂、控制性成熟等技术措施，种鸡的产蛋量少，蛋小，受精率低，繁殖性能低下。许多生产经验证明，土鸡种鸡无论公母从9周龄开始实施限制饲喂，无论从种用价值和经济角度来说，都是较好的。对于种母鸡采用限饲法后可使产的蛋大、蛋多和提高受精率，对于种公鸡采用限饲法，可使胸部过多的肌肉减少，龙骨抬高，促进腿部的发育，降低体内脂肪。

限制饲喂的方式有限时、限量等方法，生产中根据具体情况选用。可以综合运用，也可以交替运用。

①限时饲喂

Ⅰ. 每天限时饲喂，常在早上或傍晚一次性将当天的日粮全部投放，至鸡群采食完毕为止。

Ⅱ. 每周限天饲喂，确定每周的逢某一天停喂日粮，只供给饮水。

Ⅲ. 每周停喂1～2天。

②限制日粮数量：这种方法按后备种鸡的生长阶段配制全价营养的日粮，但限制鸡群每天的采食量，使鸡只无法获取生长所需的足够量的蛋白质、能量等营养物质。一般是按照鸡只的充分采食量的80%～90%投喂，但要掌握鸡群的充分采食量，才能确定限喂量，同时必须保证饲料的质量。在生产实际中，主要是根据后备种鸡周龄的增长，适当降低日粮的蛋白质和能量水平，同时限制饲料量。

(3)光照控制:光照对于控制适宜的开产时间至关重要。种母鸡 17 周龄前每天光照 8 小时,18 周龄每天光照 9 小时,19 周龄每天光照增加到 10 小时,从 20 周龄开始每周增加光照 0.5 小时,一直到 28～30 周龄,每天光照达到 14～16 小时为止,并固定不变。补充光照可采取早、晚用灯光照明,光照强度以 1～1.5 瓦/平方米为宜,一般每 15 平方米面积可用 25 瓦灯泡 1 个,灯泡高度距鸡体 2 米为宜,灯与灯距离 3 米。

种公鸡性成熟要比母鸡性成熟稍早,在此期间公鸡舍光照比母鸡舍光照每天要多 2 小时,否则混群后未性成熟的公鸡会受到性成熟母鸡的攻击,而出现公鸡终身受精率低下的现象。

(4)做好消毒工作:做好后备鸡舍内外的卫生清洁工作,每天清扫鸡舍 2 次,降低病原菌的含量。一般冬春季节每周带鸡消毒 2 次,夏秋隔天 1 次。

(5)免疫接种:切实做好种鸡的防疫工作,及时进行相应日龄的免疫接种。

(6)及时淘汰不适于留种的鸡只:后备期的种鸡,育成期或性成熟前(产蛋前)都应淘汰不适于留种的鸡只。这时的选择主要根据母鸡生理特征及外貌进行,性成熟的母鸡冠和肉垂颜色鲜红、羽毛丰满、身体健康、结构匀称、体重适中、不肥不瘦。淘汰那些发育不全、生理缺陷、干瘦、两耻骨间距特别小、腹部粗糙无弹性的个体。对于公鸡的第二性征发育不全如面色苍白、精神不佳者也应淘汰。

(7)注意天气和外界环境对育成鸡的影响:育成鸡虽然抵抗力比雏鸡强,但由于育成鸡舍缺乏雏鸡舍的保暖设备,再加上限制饲养对鸡体质的影响,育成种鸡对外界恶劣条件的抵抗力较差。故要做好防寒、降温、防湿工作。特别是在天气突然变化,如台风来临、大风雨的袭击,气温骤降,都很容易因育成鸡受凉而患呼吸道疾病、消化道疾病或其他疾病。所以饲养人员要时刻注意当地气象部门的天气预报，在上述恶劣天气情况来临前，做好抗灾工作，如关好门窗，拉好帐篷，防止贼风，同时在饲料上投放一些预防常见疾病的药物，保证鸡只安全渡过灾害。

五、种母鸡饲养管理问题

1. 种母鸡有何生理特点

成年鸡是指150日龄以上的土鸡，成年土鸡已经基本完成了躯体和器官的生长发育，这时体重的增长除在产蛋前期有一定的趋势外，饲料营养物质主要用于产蛋。从开始产蛋起，产蛋母鸡在产蛋期的体重、蛋重和产蛋量方面都有一定规律的变化。根据母鸡生长发育及生产的各个不同时期按阶段划分为三个阶段，各个阶段都有它的特点。

第一阶段是产蛋初期，大约是21～24周龄。由于前期管理良好，鸡群产蛋率呈阶梯式上升，一般由见蛋到开产50%需20天左右的时间，然后再经3周左右就达到了高峰。这一阶段要随时注意产蛋率的变化，加强饲养管理及日常工作，搞好环境卫生。同时可以合理安排育雏时间，禁用发病种鸡产的蛋孵化鸡苗。本期要注意淘汰鸡群中的假母鸡。

第二阶段是产蛋中期，从25周龄开始，产蛋率稳步上升，在31～32周龄时，产蛋率可达到85%左右，维持80%以上产蛋率2～3个月后，产蛋率缓慢下降；在55周龄时，下降到60%左右。把25～55周龄这一阶段称为蛋鸡主产期。主产期内种蛋大小适中，受精率和孵化率较高，雏鸡容易成活。

第三阶段是产蛋后期，随着母鸡日龄的增加，鸡群中换羽停产的鸡逐渐增多，产蛋率出现明显的下降。一般到55周龄时，母鸡的产蛋率下降到60%，进入产蛋后期。这时要及时调整鸡群均匀度，尽早淘汰没有饲养价值的停产或极低产鸡只。

2. 成年种母鸡饲养用何种方式

成年种母鸡饲养方式一般也采取舍内平养、舍外散养，舍内设网床、架床或栖架的方式饲养，但要进行公母混群，舍内设置产蛋箱工作。

3. 如何管理产蛋初期的种母鸡

（1）设产蛋箱：20 周龄以前，在鸡舍里增设产蛋箱或产蛋窝。按 4～5 只母鸡设一个产蛋箱（窝）。这样，可以使鸡养成在产蛋箱（窝）里产蛋的好习惯。

在鸡舍离门近的一头（东或西头）放 2～3 层产蛋箱，或用砖垒成产蛋窝。产蛋箱（窝）内光线要尽量黑暗。在未开产前要封闭好窝门，到开产时打开窝门并垫好柔软干净柴草。

若饲养规模较小，应尽量配备蛋箱，以减少啄毛、啄肛及疾病发生。

（2）增加光照时间：由于土鸡在自然环境中生长，其光照为自然光照，因此产蛋季节性很强，一般为春、夏产蛋，秋、冬季逐渐停产。在散养的条件下，应尽量使光照基本稳定，可提高鸡的产蛋性能。一般实行早晚两次补光，早晨固定在 6 时开始补到天亮，傍晚 6 时半开始补到 10 时，全天光照合计为 16 小时以上；产蛋 2～3 个月后，将每日光照时间调整为 17 小时，早晨补光从 5 时开始，傍晚不变，补光的同时补料。补光一经固定下来，就不要轻易改变。

（3）按比例配置公鸡：在第 20 周龄时把公鸡按 1∶10 比例转入母鸡群。

（4）补饲：一只新母鸡在第一个产蛋年中所产蛋的总重量为其自身重量的 8～10 倍，而其自身体重还要增长 25%。为此，它必须采食约为其体重 20 倍的饲料。鸡群在开始产蛋时起白天让鸡在散养区内自由采食，早晨和傍晚各补饲1次，每次补料量最好按笼养鸡的采食量的80%～90%补给（笼养蛋鸡一天的采食量大概150克左右）。剩余的10%～20%让鸡只在环境中去采食虫草弥补，并一直实行到产蛋高峰及高峰后2周。

散养鸡吃料时容易拥挤，会把料槽或料桶打翻，造成饲料浪费。因此在饲喂过程中应把料槽或料桶固定好，高度以大致和鸡背高度一致为宜，并且要多放几个料槽或料桶。每次加料量不要过多，加到料槽或料桶容量的1/3即可，以鸡40分钟吃完为宜。每日分4次加料，冬季应在晚上添加1次。

（5）供给充足的饮水：野外散养鸡由于野外自然水源很少，必须在鸡活动的范围内放置一些饮水器具，如每50只放一瓷盆，瓷盆不宜过大或过深，尤其是夏季更应如此，否则，鸡喝不到清洁的饮水，就会影响鸡的生长发育甚至引发疾病。

（6）补钙：散养鸡虽然能够自由采食，但钙仍需从日粮中足量供给，否则就会骨质疏松，姿势反常，产软壳蛋、薄壳蛋或无壳蛋，蛋的破损率增加，产蛋量也会下降。

大部分散养鸡在145～155日龄左右开始产蛋，因此，应从这一时期开始给蛋鸡大量补钙。鸡对钙的利用率约为55%，产一枚蛋需要2～2.3克的钙，所以鸡每产一个蛋，需要食入4克左右的钙。根据这一需要量，从开产至5%产蛋率阶段可将日粮中的钙提高至2%，然后再逐渐提高到3.2%～3.5%的最佳水平。如果环境温度高，鸡的采食量减少，补钙量可适当提高。补钙时可将石粉、贝壳粉及骨粉作为钙的主要来源。

（7）注意天气：冬季注意北方强冷空气南下，夏天注意风云突变，谨防刮大风、下大雨。尤其是散养的第1～2周，要注意收听天气预报，时刻观察天气的变化，恶劣天气或天气不好时，应及时将鸡群赶回棚内进行舍饲，不要上山散养，避免死伤造成损失。同时，还要防止天敌和兽害，如老鹰、黄鼠狼等。

(8)引蛋：鸡开始产蛋时一旦有固定的产蛋窝后，若无打扰基本上就固定了下来。为了让鸡只找到产蛋窝，可以采取“引蛋”的方式在产蛋窝内预先放置1～2枚蛋壳或乒乓球，以帮助鸡将产蛋的地点固定下来，从而减少经济损失。

(9)蛋的收集：应熟悉和掌握散养鸡每日产蛋的规律，不论是集约化饲养还是散养鸡一般每日的产蛋高峰时间大多集中在上午8～11点钟，因此鸡进入产蛋期每日的散养时间应在早晨8点之前或10～11点钟以后，让鸡群80%左右的鸡蛋在散养前均产完，让鸡只形成这样的习惯，即可以减少鸡四处乱产蛋，又便于鸡蛋的收集，降低劳动强度。

鸡蛋的收集时间最好集中在早晨散养鸡全部从散养鸡舍赶出去后进行，在鸡群晚上归舍以前的1～2个小时内也可以再集中收集1次，做到当日产蛋尽量不留在产蛋窝内过夜。

在开始产蛋的一段时间，要到散养地寻找野产的蛋，及时收回并损坏适宜产蛋的环境，迫使鸡到产蛋窝产蛋并形成习惯。

为了防止丢蛋，可以把小狗从小经常用鸡蛋喂食，长大后狗会对鸡蛋有特殊的嗅觉，饲养员可牵着狗捡鸡蛋。此法仅可作为山场散养鸡捡蛋的一种补充。

散养鸡蛋蛋壳表面经常粘有沙土、草屑、粪便等污染物，需要及时用砂纸清除干净。当日的鸡蛋最好储存在阴凉干燥的地方或冷库。

(10)疫病预防：最近几年由于受烈性传染病影响，往往到高峰期时鸡群产蛋率徘徊上升或突然下降。但只要养殖户对前期饲养管理采取科学严谨的方法，就能避免或减少损失。

(11)淘汰未开产鸡：为提高经济效益，要及时淘汰低产鸡。开产后5～6周时，如仍有个别鸡未开产，应予淘汰。

(12)注意安全：散养鸡，安全也是一个较大的问题。除可能面临缺电、缺水、突发疫病、恶劣天气等危害鸡群的安全因素外，还可能存在野兽危害、鸡群中毒、鸡只走失和失窃等危险，需要采取适当措施加以防范。

(13)注意防疫：不要因为散养鸡与其他养鸡场隔离较远而忽视防疫，散养鸡同样要注重防疫，制订科学的免疫程序并按免疫程序做好鸡新城疫、马立克病、法氏囊病等重要传染病的预防接种工作。同时还要注重驱虫工作，制订合理的驱虫程序，及时驱杀体内、体外寄生虫。

(14)严防农药中毒：在大田和果园喷药防治病虫害时，应将鸡群赶到安全地带或错开时间。田园治虫、防病要选用高效低毒农药，用药后要间隔5天以上，才可以放鸡到田园中，并注意备好解毒药品，以防鸡群中毒。

(15)巡逻和观察：散养时鸡到处啄虫、啄草，不易及时发现鸡只异常状态。如果鸡只发生传染性疾病，会将病原微生物扩散到整个环境中。因此，散养时要加强巡逻和观察，发现行动落伍、独处一隅、精神委靡的病弱鸡，要及时隔离观察和治疗。鸡只傍晚回舍时要清点数量，以便及时发现问题、查明原因和采取有效措施。

4. 如何管理产蛋中期的种母鸡

(1)鸡群的日常观察：观察鸡群是产蛋鸡日常管理中最经常、最重要的工作之一。只有及时掌握鸡群的健康及产蛋情况，才能及时准确地发现问题，并采取改进措施，保证鸡群健康和高产。

①观察鸡群精神状态、粪便、羽毛、冠髯、脚爪和呼吸等方面有无异常。若发现异常情况应及时报告有关人员，有病鸡应及时隔离或淘汰。观察鸡群可在早晚开关灯、饮喂、捡蛋时进行。夜间闭灯后倾听鸡只有无呼吸异常声音，如呼噜、咳嗽、喷嚏等。

②喂料给水时，要注意观察饲槽、水槽的结构和数量是否适应鸡的采食和饮水需要。注意每天是否有剩料余水、单个鸡的少食、频食或食欲废绝和恃强凌弱而弱食者吃不上等现象发生，以及饲

料是否存在质量问题。

③观察舍温的变化，通风、供水、供料和光照系统等有无异常，发现问题及时解决。

④观察有无啄肛、啄蛋、啄羽鸡，一旦发现，要把啄鸡和被啄鸡挑出隔离，分析原因找出对策。

(2)更换饲料：当产蛋率上升到50%以后，要将饲料更换成产蛋高峰饲料，要求粗蛋白质达到18.5%。为了提高种蛋的受精率和孵化率，选择优质的饲料原料，如鱼粉、豆粕，减少菜籽粕、棉籽粕等杂粕的用量，增加多种维生素添加量。

(3)补钙：产蛋期自始至终饲料中50%的钙要以大颗粒(3～5毫米)的形式供给。一方面可延长钙在消化道的停留时间，提高利用率；另一方面也可起到根据鸡的需要，调节钙摄入量的目的。

(4)选留种蛋：产蛋中期是收集种蛋时期，种蛋经初步挑选后送入种蛋库进行消毒保存。如果发现种蛋受精率不高，可能是公鸡性机能有问题或是饲料质量不好，要注意观察，及时采取措施。

①种蛋来源：种蛋必须来自健康而高产的种鸡群，种鸡群中公母配种比例要恰当。

②蛋的重量：种蛋大小应符合品种标准。应该注意，一批蛋的大小要一致，这样出雏时间整齐，不能大的大、小的小。蛋体过小，孵出的雏鸡也小；蛋体过大，孵化率比较低。

③种蛋形状：种蛋的形状要正常，看上去蛋的大端与小端明显，长度适中。长形蛋气室小，常在孵化后期发生空气不足而窒息，或在孵化18天时，胚胎不容易转身而死亡；圆形蛋气室大，水分蒸发快，胚胎后期常因缺水而死亡。因此，过长或过圆的蛋都不应该选做种蛋。

④蛋壳的颜色与质地：蛋壳的颜色应符合品种要求，蛋壳颜色有粉色、浅褐色或褐色等。砂壳、砂顶蛋的蛋壳薄，易碎，蛋内水分蒸发快；钢皮蛋蛋壳厚，蛋壳表面气孔小而少，水分不容易蒸发。

因此，这几种蛋都不能做种用。区别蛋壳厚薄的方法是用手指轻轻弹打，蛋壳声音沉静的，是好蛋；声音脆锐如同瓦罐音的，则为壳厚硬的钢皮蛋。

⑤蛋壳表面的清洁度：蛋壳表面应该干净，不能被粪便和泥土污染。如果蛋壳表面很脏，粪泥污染很多，则不能当种蛋用；若脏得不多，通过砂纸揩擦、消毒还能使用。如果发现脏蛋很多，说明产蛋箱很脏，应该及早更换垫草，保持产蛋箱清洁。

⑥保存时间：一般保存 5～7 天内的新鲜种蛋孵化率最高，如果外界气温不高，可保存到 10 天左右。随着种蛋保存时间的延长，孵化率会逐渐下降。

（5）做好记录工作：因为生产记录反应了鸡群的实际生产动态和日常活动的各种情况，通过它可及时了解生产、指导生产，也是考核经营管理的重要根据。生产记录的项目包括死淘数、产蛋量、破蛋数、蛋重、耗料量、饮水量、温度、湿度、防疫、称重、更换饲料、停电、发病等，一定要坚持天天记录。

（6）及时催醒就巢母鸡：母鸡的就巢也称抱窝，指母鸡产蛋一段时期后，占据产蛋箱进行孵化的行为，这是母鸡的繁殖本能。如果不采用母鸡自然孵化法，一旦发现就巢鸡应及时改变环境，将其放在凉爽明亮的地方，多喂些青绿多汁饲料，并采取相应的处理措施。

①肌内注射丙酸睾丸素：每只鸡肌内注射丙酸睾丸素注射液 1 毫升，注射后 2 天抱窝症状消失，10 天开始产蛋。此方法在就巢初期使用。

②口服异烟肼片：用异烟肼片灌服，第一次用药以每千克体重 0.08 克为宜。对返巢母鸡可于第 2 天、第 3 天再投药 1～2 次，药量以每千克体重 0.05 克为宜。一般最多投药 3 天即可完全醒抱。用药量不可增大，否则会出现中毒现象。

③灌服食醋：给抱窝鸡于早晨空腹时灌服食醋 5～10 毫升，隔

1小时灌1次，连灌3次，2～3天即可醒抱。

④笼子关养：将抱窝鸡关入装有食槽、水槽、底网倾斜度较大的鸡笼内，放在光线充足、通风良好的地方，保证鸡能正常饮水和吃料，使其在里面不能蹲伏，5天后即可醒抱。

(7)食蛋癖和食毛癖的防治：种鸡的食蛋与食毛是两个常见的恶癖。母鸡有了吃蛋恶癖后不但吃自己下的蛋，其他母鸡下的蛋也抢着吃。开始是一只母鸡食蛋，由于在它的带动下，其他母鸡也学着食蛋，使更多的母鸡养成了吃蛋癖，从而造成经济上的重大损失。食毛癖表现为母鸡抢食其他个体身上的羽毛，由于抢食，不但使羽毛掉光，更甚者皮肤都被啄出血来。这样的母鸡由于没有羽毛而抵抗外界环境变化能力下降，也容易感染疾病，常被迫淘汰。同食蛋癖一样，啄毛癖给养鸡者带来很大的经济损失。故预防这些恶癖也是种鸡管理的重要措施之一。

发生恶癖的原因及防治方法：

①饲料营养不平衡，缺乏蛋白质、矿物质或维生素。故必须供给母鸡所需要的营养素，应按照饲养标准或推荐营养需要量配制日粮，喂给全价饲料。也有可能因饮水缺乏而引起，故应供给充足的饮水。

②饲养密度过大，过分挤拥是发生食毛癖的重要原因之一。光线过强也容易引起鸡的食毛癖，故要注意饲养密度和光照度。

③蛋壳薄、破损多或不及时拾蛋，母鸡看见了就吃，很快就会养成吃蛋的习惯。故要及时拾蛋，特别是盛产期。鸡群每天产蛋最多的时间是上午10时至下午2时，这时必须经常拾蛋，否则，一些薄壳蛋或破壳蛋不及时取出，一经母鸡啄食，数次之后就形成食蛋的恶癖。

④有人认为母鸡发生食毛的主要原因是缺乏硫化物，每日每只母鸡加喂2～3克硫酸钙(石膏粉)能防止食毛，也可在饲料中添加胱氨酸或羽毛粉。

⑤有时由于饲料中的微量元素不足及钙磷比例不协调，也会引起母鸡的恶癖及产软壳蛋。如果在微量元素的测定比较困难的情况下，可以考虑补喂沙粒和贝壳粉。沙粒一方面可以增加一些微量元素，另一方面可以帮助鸡消化器官对饲料的消化。贝壳粉是贝类的一种壳，经脱脂处理磨碎而成，可以补偿日粮中钙的不足而造成的蛋壳品质下降。沙粒和贝壳粉的添加，可以另外用食槽盛装，让鸡只自由采食。

(8)适当淘汰：为了提高散养鸡的效益，进入产蛋期以后，根据生产情况适当淘汰低产鸡是一项很有意义的工作。50%产蛋率时，进行第1次淘汰；进入高峰期后1个月进行第2次淘汰。

①识别的特征

Ⅰ.鸡体瘦小型：多见于大群鸡进入产蛋高峰期，200日龄以上的鸡只，其体型和体重均小于正常鸡的标准，脸不红，冠不大，冉髯小，在鸡群中显得特别瘦弱，胆小如鼠，因易受其他鸡的攻击，常在鸡群中窜来窜去，干扰了其他鸡的正常生活。

Ⅱ.鸡体肥胖型：大群鸡产蛋高峰期后，此时正常的高产蛋鸡通常羽毛不整，羽色暗淡，体型略瘦，而肥胖型的低产鸡则体型与体重远远超出正常蛋鸡的标准，羽毛油光发亮，冠红且厚，冉髯发达，行动笨拙，只长膘不产蛋。腹下两坐骨结节之间的距离仅有两指左右。一般产蛋鸡则在三指半以上。在产蛋鸡群中发现特别肥胖的鸡应立即予以剔除，产蛋高峰期后发现鸡群中冠红体肥的鸡应立即淘汰。

Ⅲ.产蛋早衰型：这类鸡体型与体重低于正常鸡的生长发育标准，个体略小，但不消瘦，冠红、脸红、冉髯红，但冠、髯均不如高产蛋鸡发达。开产快、产蛋小、停产早，产蛋高峰持续期短，200日龄后应注意淘汰这类低产鸡。

Ⅳ.鸡冠萎缩型：产蛋鸡开产到250日龄以后，会发现鸡群中有部分鸡冠萎缩，失去半透明的红润光泽，这是内分泌失调、卵巢功能衰退乃至丧失的结果，这类鸡往往体型与体重和普通鸡无明显差异，有的活泼，有的低迷，但均表现产蛋少，甚至逐渐停产。

Ⅴ.食欲减退型：蛋鸡的产蛋性能与其食欲和采食量往往有密切关系，食多蛋涌，食减蛋少。在饲料与营养正常的情况下，在鸡群采食高峰期，有少数鸡只远离料槽，若无其事，自由活动，或蹲卧一旁，或少许采食，又漫步闲逛去了，经检查并无其他原因，这类鸡产蛋的性能往往也是较差的。

Ⅵ.其他异常者：在产蛋前期，正常鸡体型匀称、羽毛光泽、冠髯鲜艳、活泼。体型瘦弱、羽冠暗淡和精神委顿者，为患病低产的征兆；在产蛋中后期，正常高产蛋鸡由于产蛋消耗，通常羽毛不太完整，胫、喙等处色素减退，鸡冠较薄，而低产鸡、假产鸡则往往羽毛丰满，胫、喙等处色素沉着不褪，色泽较深，鸡冠髯特别红且肥厚，耻骨跨度较窄，对于这类鸡也应及时处理。

②产生低产的原因

Ⅰ.鸡种的原因。

Ⅱ.鸡只在育成阶段，由于鸡群不整齐，未能注意经常调整鸡群，按大小、强弱分群饲养，导致弱鸡生长发育更加受阻，而强壮者则可能采食过多而超重。

Ⅲ.忽视了限制饲喂方法，育成后期部分鸡种特别是早熟易肥的鸡种需限制采食量，或降低日粮中的能量，以保持合理的体型，否则可导致鸡只超重，因肥胖而低产。

Ⅳ.光照制度不合理，光照不足使蛋鸡推迟开产，并且整群产蛋率较低，光照过长使鸡性成熟过早，身体发育不足而提前开产，这样产蛋难以持久而出现早衰。光照制度和类似的饲养管理中的失误，对鸡群的影响具有普遍性，仅剔除少数典型低产鸡能够挽回一些负面作用，必须调整完善饲养管理，才能从根本上解决问题。

Ⅴ.疾病原因，如马立克病、卵黄性腹膜炎、上呼吸道感染和寄生虫病等，都能引起鸡冠萎缩和停产，出现低产鸡。有些育成鸡由于感染新城疫等疾病使生殖系统受到损害，不能产蛋，而外表看起来像健康鸡，实际上已形成假产鸡。

③处理：视低产鸡、假产鸡的类型和发生原因，可采取以下几种方式处理。

Ⅰ.在产蛋中早期，因管理不当造成的较瘦弱或较肥胖的健康鸡，对这类鸡应从群中挑出给予单独饲养，通过控制饲料喂量和营养水平，调整体况，使之趋于正常，恢复产蛋性能。

Ⅱ.产蛋后期的低产鸡，过于瘦小或肥胖者，产蛋早衰者，传染病侵染者，这些鸡一般应及早发现剔除，有病鸡按兽医卫生要求妥当处理，无病鸡育肥肉用。

Ⅲ.食欲减退、羽色冠髯异常、行为和其他异常，疑似低产鸡、假产鸡，可继续观察 2～3 天，待确定后，再予以处理。

(9)做好记录工作：因为生产记录反应了鸡群的实际生产动态和日常活动的各种情况，通过它可及时了解生产、指导生产，也是考核经营管理的重要根据。生产记录的项目包括死淘数、产蛋量、破蛋数、蛋重、耗料量、饮水量、温度、湿度、防疫、称重、更换饲料、停电、发病等，一定要坚持天天记录。

5. 如何管理产蛋后期的种母鸡

(1)加强消毒：到了产蛋后期，鸡舍的有害微生物数量大大增加。因此，更要做好粪便清理和日常消毒工作。

(2)减少破损蛋：鸡蛋的破损给蛋鸡生产带来相当严重的损失，特别是产蛋后期更加严重。破损的原因主要有两个，一是由于饲料中钙磷含量不足或比例失调引起的，可以通过调整饲料配方改正；二是由于人为造成的，如拾蛋次数少，多个蛋在蛋箱被母鸡压破，或拾蛋时动作过重而碰破等。此外，由于产蛋箱的结构不合理，使母鸡产蛋落地时便破。这种情况必须改正产蛋箱的结构来改善。

减少人为造成的破蛋率，要勤捡蛋，一般视产蛋率的高低每天要拾 4～5 次。拾蛋时动作要轻，验蛋时的敲击要小心轻度。

(3)强制换羽：隔年老鸡在秋季换羽是一种正常现象，当羽毛换到主翼羽时母鸡就开始停产。自然换羽的过程很长，一般 3～4 个月，且鸡群中换羽很不整齐，产蛋率较低，蛋壳质量也不一致。为了缩短换羽时间，延长鸡的生产利用年限，常给鸡采取人工强制换羽。常用的人工强制换羽方法是不把鸡关在棚舍内同时采用药物法、饥饿法和药物-饥饿法。换羽时要注意当年鸡不需搞人工强制换羽，经选择留下的体质健壮的隔年老鸡，才进行这项工作。

①药物法：在饲料中添加氧化锌或硫酸锌，使锌的用量为饲料的 2%～2.5%。连续供鸡自由采食 7 天，第 8 天开始喂正常产蛋鸡饲料，第 10 天即能全部停产，3 周以后即开始重新产蛋。

②饥饿法：是传统的强制换羽方法。停料时间以鸡体重下降 30%左右为宜。一般经过 9～13 天，头 2 周光照缩短到 2 小时，只供饮水，以后每天增加 1 小时，供鸡吃料和饮水。直至光照 14 小时。饲粮中蛋白质为 16%、钙 1.1%，待产蛋开始回升后，再将钙增至 3.6%。母鸡 6～8 天内停产。第 10 天开始脱羽，15～20 天脱羽最多，35～45 天结束换羽过程。30～35 天恢复产蛋，65～70 天达到 50%以上的产蛋率，80～85 天进入产蛋高峰。

③药物-饥饿法：首先对母鸡停水断料 2.5 天，并且停止光照。然后恢复给水，同时在配合饲料中加入 2.5%硫酸锌或 2%氧化锌，让鸡自由采食，连续喂 6.5 天左右。第 10 天起恢复正常喂料和光照，3～5 天后鸡便开始脱毛换羽，一般在 13～14 天后便可完全停产，19～20 天后开始重新产蛋，再过 6 周达到产蛋高峰，产蛋率可达 70%～75%甚至更多。

人工强制换羽与自然换羽相比，具有换羽时间短、换羽后产蛋较整齐、蛋重增大、蛋质量提高、破蛋率降低等优点，但要注意以下几个问题：

①鸡的健康状况:只能选择健康的鸡进行强制换羽,因为只有健康的鸡才能耐受断水断料的强烈应激影响,也只有健康的鸡才能指望换羽后高产。病弱鸡在断水断料期间会很快死亡,应及早淘汰。

②换羽季节和时间:要兼顾经济因素、鸡群状况和气候条件。炎热和严寒季节强制换羽,会影响换羽效果。一般选在秋季鸡开始自然换羽时进行强制换羽,效果最好。

③饥饿时间长短:一般以9～13天为度,具体要根据季节和鸡的肥度、死亡率来灵活掌握。温度适宜的季节,肥度好或体重大的鸡死亡率低时,可延长饥饿期,反之,则应缩短饥饿期。时间过短则达不到换羽停产的目的,时间过长,死亡率增加,对鸡体损伤也大,一般死亡率控制在3%左右。

④光照:在实施人工强制换羽时,同时应减少光照。

⑤换羽期间的饲养管理:强制换羽开始初期,鸡不会立即停产,往往有软壳或破壳蛋,应在食槽添加贝壳粉,每100只鸡添加2千克;要有足够的采食料,保证所有的鸡能同时吃到饲料,以防止鸡饥饿时啄食垫草、砂土、羽毛等物。

(4)*种母鸡群的淘汰*:为了获得尽量高的产蛋量,种鸡群是年年更新的,母鸡只用一年便淘汰。但对优秀的种公鸡、地方品种公鸡,利用年限可延长一年。

从经济角度考虑,淘汰种母鸡的时间是以产种蛋收入低于生产成本时来决定的,但作为种鸡场,还需要考虑雏苗供求状况,考虑淘汰种鸡的销售价格,考虑新的种鸡群育成和生产状况以及育成成本等。总之,确定何时淘汰,需从各方面综合考虑,以经济收益作判定。

六、种公鸡的饲养管理问题

1. 种公鸡有何生理特点

公鸡的性成熟年龄与其品种、营养和光照有着密切的关系。一般公鸡在 8～9 周龄时就开始出现精子，10～12 周龄可以采到精液。如果是做种用公鸡，必须到 26 周龄才能得到满意的受精率。

公鸡的射精量随性成熟而增多，直到 40 周龄，然后精液量就稳定下来。一年中 11 月到翌年 3 月公鸡的精液量最多，5～8 月精液浓度最大。换羽期公鸡精液品质下降。其次强光、消毒药、气味、尘埃、振动对精子存活都不利。

公鸡的外生殖器官不很发达，交配时依靠较长的腿胫和平坦的胸部，使双脚可以很稳地抓紧母鸡背部，并贴近前身将尾部弯下，便于把精液准确地输入母鸡泄殖腔的阴道口。腿胫较短和胸部丰满的公鸡，交配时很容易从母鸡背上滑落、抓伤母鸡和不能准确输精。因此，种公鸡的选育标准是腿胫长、平胸、雄性特征明显，体重比母鸡大 30%左右，行走时龙骨与地面成 45°的健壮公鸡。

2. 种公鸡采用何种饲养方式

公鸡采用 20 周龄前公母分开饲养，20 周龄时公母混养方式。

3. 如何管理种公鸡

(1)公鸡混养、补饲：在 20 周龄时把公鸡转入母鸡群。

(2)种公鸡的补饲：为了保持种公鸡有良好的配种体况，种公鸡的饲养，除了和母鸡群一起采食外，从组群开始后，对种公鸡应进行补饲配合饲料。配合饲料中应含有动物性蛋白饲料，有利于提高公鸡的精液品质。补喂的方法，一般是在一个固定时间，将母鸡赶出鸡舍，把公鸡留在舍内，补喂饲料任其自由采食。这样，经过一定时间(1 天左右)，公鸡就习惯于自行留在舍内，等候补喂饲料。开始补喂饲料时，为便于分别公母鸡，对公鸡可作标记，以便管理和分群。公鸡补饲可持续到母鸡配种结束。

(3)防止公鸡争斗：许多养殖户利用戴眼镜(指用佩戴在鸡的头部遮挡鸡眼正常平视光线的特殊材料，图 5-1)的方法使其看不见打架的对象来防止公鸡的争斗，戴上眼镜的公鸡，不能再欺负其他公鸡，只能从侧面、下面看东西，活动采食都没问题，效果较好。

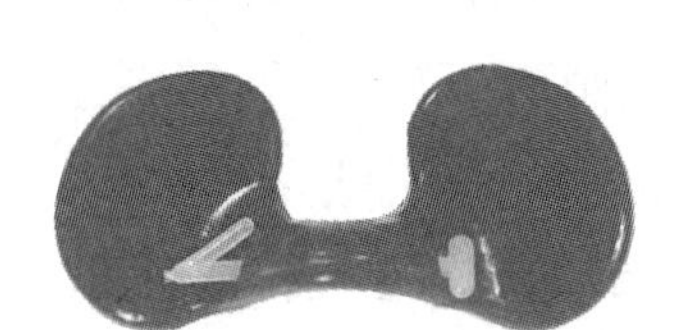

图 5-1　鸡眼镜

(4)补充后备公鸡：及时补充后备公鸡，补充的后备公鸡应占公鸡总数的 1/3，后备公鸡与老龄公鸡相差 20～25 周龄为宜。补充工作一般晚上进行，补充后的公母比例保持在(12～13)：100。

(5)种公鸡的淘汰：公鸡的利用年限一般为 2 年，优良者可用 3 年，但每年要有计划地更换新种鸡 50%左右，淘汰的种鸡可作商品鸡处理掉。

七、淘汰种鸡的育肥管理问题

1. 淘汰种鸡有何生理特点

淘汰的成年种鸡，经过长时间的饲养，单纯追求生产性能，肉质变韧，特别是鸡肉特有的香味有所减退，因此，淘汰种鸡进行育肥时要进行对肉质的改进。

2. 淘汰种鸡采用何种饲养方式

淘汰的种鸡采取公母分群，小群集中圈养育肥的方式饲养。

3. 如何育肥淘汰种鸡

(1)育肥时间：淘汰的种鸡育肥时间一般为2～3周。

(2)分群饲养：按公、母分群，小群集中圈养育肥。

(3)添加香味剂：在育肥淘汰种鸡的饲料中，应加入适量的大蒜粉、橘皮粉、松针粉、大蒜、生姜、茴香、八角、桂皮等自然物质以改善肉质和增加鲜味。

(4)售后卫生：同样要做好售后卫生。

八、散养土鸡季节管理问题

1. 春季如何管理散养土鸡

随着气温的升高，光照时间的逐渐延长，外界食物来源的增加，鸡的新陈代谢旺盛。春季是鸡产蛋的旺季，是理想的繁殖季节。在繁殖前，做好疫苗接种和驱虫工作，保证优质饲料的供应，提高合格种蛋的数量。

(1)注意防寒保暖:早春气候仍比较寒冷多变,加之冷空气和寒流的侵袭,给养鸡生产带来诸多不便,特别是低温对产蛋鸡的影响十分明显。因此,防寒保暖工作就成了冬春养鸡能否成功的关键环节。一般情况下夜棚舍可采取加挂草帘、饮用温水和火炉取暖等方式进行御寒保温,使棚舍温度最低维持在3～5℃。

(2)注意适度通风:早春由于气温较低,过夜鸡舍门窗关闭较严,通风量减少,但鸡群排出的废气和鸡粪发酵产生的氨气、二氧化碳和硫化氢等有害气体量却没有减少,导致舍内的空气污浊,易诱发鸡的呼吸道等疾病,因此要切实处理好通风与保暖的关系,及时清除过夜鸡舍内的粪便和杂物,及时开窗通风,确保舍内空气清新、氧气充足。

(3)注意防止潮湿:早春过夜鸡舍内通风量相对减少,水分蒸发量也减少,加之舍内的热空气接触到冰冷的屋顶和墙壁会凝结成大量的水珠,极易造成鸡舍内过度潮湿,给细菌和寄生虫的大量繁殖创造了条件,对养鸡极为不利。因此,一定要强化管理,注意保持鸡舍内的清洁和干燥,加水时切忌过多过满,及时维修损坏的水槽,严禁向舍内地面泼水。

(4)注意定期消毒:消毒工作贯穿于养鸡的整个过程中,早春气温较低,细菌的活动频率虽然有所减弱,但稍遇合适的条件即会大量繁殖,危害鸡群健康。加之早春气候寒冷,鸡体的抵抗力普遍减弱,若忽视消毒工作,极易导致疫病暴发和流行。一般在冬春季节常用饮水消毒的办法进行消毒,即在饮水中按比例加入消毒剂(如百毒杀、强力消毒灵、次氯酸钠等),每周进行一次即可。而对过夜鸡舍内的地面则可使用白石灰、强力消毒灵等干粉状的消毒剂进行喷洒消毒,每周1～2次较为适宜。

(5)注意补充光照:蛋鸡光照不足常会引起产蛋率下跌,为了克服这一自然缺憾,可采用人工补充光照的方式弥补。

(6)注意减少应激:鸡胆小,对外界环境的变化十分敏感,极易受惊。因此，喂料、加水、捡蛋、消毒、清扫、清理粪便等工作要有一定的时间和顺序，工作时动作一定要轻缓，严禁陌生人和其他动物进入鸡舍。若外界发生强烈的声响(如过节时的鞭炮声、刺耳的锣鼓声、呼啸怪叫的北风声等)，饲养人员要及时进入鸡舍，给鸡造成一种"主人就在身边"的心理安全感，同时还可在饲料或饮水中加入适量的多种维生素或者其他抗应激的药物，防止和减少应激反应的发生。

(7)注意增加能量：鸡靠吃进体内的饲料获得热能来维持体温，外界的气温越低，鸡体用于御寒的热能消耗就越多。据测定，早春鸡的饲料消耗量比其他季节约增加 10%～15%，因此，早春鸡的饲料中必须保证能量充足，在日粮中除保持蛋白质的一定比例外，应适当增加含淀粉和糖类较多的高能饲料，以满足鸡的生长和生产需要。

(8)注意增强体质：早春鸡抵抗力下降，要特别注意搞好防疫灭病工作，定期进行预防接种。根据实际情况还可定期投喂一些预防性药物，适当增加饲料中维生素和微量元素的含量，忌喂发霉变质的饲料、污水和夹杂有冰雪的冷水，以提高鸡体的抵抗力。

(9)注意防止贼风：从门窗缝隙和墙洞中吹进的寒风称为贼风，它对鸡的影响极大，特别容易使鸡感冒发病，因此，要注意观察，及时关闭门窗，堵塞墙洞和缝隙，防止贼风侵扰。

(10)注意消除鼠害：早春外界缺少鼠食，老鼠常会聚集于鸡舍内偷食饲料，咬坏用具，甚至传染疫病，咬伤、咬死鸡只，或者引发鸡的应激反应，对养鸡生产危害较大，因此要想尽一切办法坚决予以消灭。

2. 夏季如何管理散养土鸡

气候炎热，食欲下降。夏季的工作重点是防暑降温，维持蛋鸡的食欲和产蛋。在散养区设置凉棚，增加精料的喂量，满足产蛋要求，利用早晚气温较低的时段，增加饲喂量。每天早上天一亮就放鸡，傍晚延长采食时间，保证清洁饮水和优质青绿饲料供应。消灭蚊虫、苍蝇，减少传染病的发生。

(1)预防应激：夏季气候多变，突然刮大风、下阵雨和惊雷都易使鸡产生应激，可在饮水中加入电解多维、气候变化之前使用一定量的青霉素、链霉素、金霉素等抗生素都可有效地预防应激。

(2)抓好防暑降温工作：温度与产蛋量有直接关系，蛋鸡最理想的产蛋温度为15～24℃，25℃以上产蛋率逐渐下降，30℃以上鸡就会出现张嘴呼吸，两翅张开现象，这时产蛋率显著下降，甚至停产，环境温度长期在35℃以上很可能出现大批死亡。因此，要想夏季保持多产蛋，必须采取散养场搭遮阳篷，鸡舍通风喷水墙体刷白、把棚舍四面打开等措施降温防暑，将鸡舍和鸡场环境控制在28℃以下。

(3)供给充足饮水：鸡的饮水量随环境温度的变化而大幅度变化，夏季饮水量大约是冬季的4倍，大约是采食量的3.5倍，鸡不喜欢饮用温度较高的水，夏季要注意让蛋鸡饮用清洁卫生的凉水，最好是山泉水。因为体温的升高需大量的热能，所以即使周围环境温度升高很大，体温升高也非常缓慢。同时，随粪尿排泄的水分增加，带走大量的体热。

(4)调整营养：夏季环境温度高，维持蛋鸡需要的热能要降低，而蛋白质需要相对提高，夏季保持蛋鸡多产蛋的有效方法是用动、植物脂肪代替碳水化合物，以改变能量与蛋白质的比例，同时，还要注意保持氨基酸的平衡。

①减少能量饲料比例：夏季气温高，鸡维持自身所需的能量要少得多，所以夏季产蛋鸡的饲料中，应适当降低能量含量。一般日粮中的高能饲料(如玉米等)应减少到50％左右。同时增加一些含能量较少的糠麸类饲料，占饲料总量的20％左右。

②增加蛋白质饲料含量：夏季由于鸡的采食量少，如饲料中蛋

白质含量不足，会影响鸡的生长和产蛋。因此，夏季蛋鸡的饲料中蛋白质含量应提高2%左右。其中，植物性蛋白质饲料，如豆饼、麻饼、棉籽饼等可占日粮的20%～25%；动物性蛋白质饲料，如鱼粉、羽毛粉等可占日粮的5%～8%。

③提高饲料中钙磷比：夏季蛋鸡处于产蛋高峰期，钙磷的需要量较大，同时，饲料中的有机磷利用率明显降低，所以应提高饲料中的钙磷比例。一般可增加1%～2%的骨粉和2%的贝壳粉，或将贝壳粉放在另设的食槽中，任鸡自由啄食。

(5)添加抗热应激添加剂：炎热的夏季，在蛋鸡补充饲料中添加适量抗热应激添加剂有助于提高产蛋量，饲料中添加维生素C电解多维等，以及饮水中添加氯化锌、氯化氨、碳酸氢钠、阿司匹林等，并适当减少盐的含量，可有效减轻热应激危害，提高蛋鸡的产蛋量和质量。还可给蛋鸡饲喂中草药添加剂，它既能防治某些疾病，又能抗热应激，对提高鸡生产性能有明显效果。如清热降火类的有石膏、栀子等，能帮助机体散热；祛暑类的有藿香、香蒿，能散热防中暑；安神镇惊类的有远志、柏子仁、酸枣仁，能安神镇惊，有抗热应激作用。

(6)补充光照：晚上10～11点钟应准时关灯，以保证产蛋鸡在出舍前将蛋产在棚舍内。

(7)加强散养管理：全天供足新鲜、清洁的凉水；尽量减少饲养密度可有效地降低环境温度；注意早放鸡，晚收鸡，尽量避开炎热的时间让鸡到野外采食；白天气温高时，鸡采食量降低，可在晚上多补充料，可以弥补白天采食的不足，同时也可使鸡产蛋后及时补充消耗的体力。对夏季在棚外过夜的鸡要及时赶回，以防刮风、下雨、打雷，使鸡受到刺激较大，另外回鸡舍可以避免狐狸、黄鼠狼之类的天敌。

(8)做好疫病防治工作：夏季是鸡体质弱的时期，应切实做好疫病防治工作。坚持每周2～3次带鸡消毒，保持鸡舍清洁卫生。

严格执行免疫程序，定时进行新城疫抗体监测，发现异常，及时采取相应措施。对鸡舍内及散养场定期喷洒对人畜无害的除虫菊酯等杀虫剂，彻底消灭蚊蝇、蠓等害虫。在补充饲料中定期投放泰灭净，克球粉等药物，做好鸡病的预防工作。

(9)预防寄生虫：夏季是鸡寄生虫病的高发期，可用5毫克/千克的抗球王拌料预防；驱除体内绦虫，用灭绦灵150～200毫克/千克体重拌料；驱除体内线虫，用左旋咪唑20～40毫克/千克体重，一次口服；驱体表寄生虫，如虱子、螨，用0.03%蝇毒磷水乳剂或4000～5000倍杀灭菊酯溶液洒体表、栖架、地面。

(10)防饲料霉变：夏天温度高，湿度大，饲料极易发霉变质，进料时应少购勤进；添料时要少加勤添，而且量以每天吃净为宜，防止日子过长，底部饲料霉变。

3. 秋季如何管理散养土鸡

入秋后，日照逐渐缩短，天气转凉，成年母鸡开始停产换羽，新蛋鸡陆续产蛋，可采用综合饲养管理技术，提高养殖效益。

(1)调整鸡群：将低产鸡、停产鸡、弱鸡、僵鸡、有严重恶癖的鸡、产蛋时间短的鸡、体重过大过肥或过瘦的鸡、无治疗价值的病鸡应及时挑选出来，分圈饲养，增加光照，每天保持16小时以上，多喂优质饲料，促使鸡增膘，及时上市处理出售。留下生产性能好、体质健壮、产蛋正常的鸡。一般产蛋鸡饲养1～2年为最好，超过2年以上的母鸡最好淘汰。

(2)强制换羽：秋季成年蛋鸡停产换羽的时间长达4个月左右。鸡在换羽期间产蛋量大大减少，且因个体换羽时间有早有晚，换羽后开产也有先有后，产蛋高峰期来得晚，给饲养管理带来不便，所以必须人工强制换羽，促使同步换羽，同时开产。

(3)饲喂添加剂：秋季在蛋鸡的日粮中添加一些添加剂，可提高鸡的产蛋量、抗应激和抗病能力，并能节省饲料。

①激蛋添加剂：将激蛋添加剂按 0.25%的比例均匀地拌入饲料中，任鸡自由采食，可提高产蛋率，并能增强免疫力。

②维生素 C：在蛋鸡每千克日粮中添加维生素 C 500 克。

③小苏打：在蛋鸡的日粮中添加 0.1%～0.15%的小苏打，除提高产蛋率外还能增加蛋壳厚度。

(4)增加光照：光照能刺激排卵，增加产蛋量。开始产蛋时每周增加光照时间半小时，以后每 1 周增加半小时，直到每天光照时间达到 16 小时为止。

(5)驱虫：秋季新鸡处于开产期，老鸡处于换羽期，新、老鸡处于产蛋低潮，此时是驱虫的最佳时期，对蛋鸡产蛋无大的影响。

(6)加强卫生防疫：秋季气温适宜病原微生物大量繁殖，鸡易患各种疾病，应搞好鸡舍的环境卫生，定期进行消毒。对鸡舍墙壁、地面、用具等要定期用 2%～3%的烧碱水溶液或 2%～4%的来苏儿溶液或 0.2%～0.5%的过氧乙酸溶液消毒，也可用 0.1%的新洁尔灭溶液消毒。要做好防疫工作，给鸡注射新城疫Ⅰ系、禽霍乱、鸡传染性喉气管炎等疫苗。同时，严防一切应激因素的发生，保持鸡舍及周围环境的安静，尽量减少惊吓、转群、捉鸡等应激因素，防止猫、狗等进入鸡舍而惊吓鸡群，饲料加工、装卸应远离鸡舍。

4. 冬季如何管理散养土鸡

天气寒冷的季节，大多数散养鸡产蛋率下降或者停产。要使散养鸡创造更高经济效益，天冷不歇窝，多下蛋，必须采取科学的管理措施。

(1)把产蛋高峰安排在冬季：散养鸡生产存在旺季和淡季之分，通常情况下，春节期间鸡蛋消费量增加，加之此时气温低，鸡蛋较容易保存，因此如果把蛋鸡产蛋高峰安排在节日期间，那就会满足市场供应，创造更高的经济效益。目前，养殖专业户散养的鸡，一般在150天左右进入产蛋期，25～42周龄产蛋率较高，产蛋高峰期在28～35周龄或更长些，产蛋率可高达85%以上。这时母鸡产蛋的生理机能正处在一生中最旺盛的时期，必须有效地利用这一宝贵时间。想把蛋鸡产蛋高峰安排在春节期间，必须在6月份左右进雏鸡。

(2)增加鸡舍的光照时间：冬末和初春自然光照时间短，不能满足蛋鸡产蛋的生理需求，必须增加光照时间。一般来说，育成期的光照时间每天需保持在8～10个小时，对产蛋高峰期安排在冬季的蛋鸡来说，就要在后期用人工光照来补充自然光照的不足。进入21周龄，可以每星期延长光照时间1个小时，直至26周龄时光照时间达到每天16个小时，以后恒定不变。补充光照的办法是在早晨天亮之前或晚上天黑时，开电灯照明。注意按计划按时开关灯，不能乱开乱关，不能扰乱母鸡对光刺激形成的反应。

(3)注意鸡舍保暖：冬末初春夜间气温低，当气温在13℃以下时就会对蛋鸡产蛋造成影响。表现在鸡的耗料量增加，产蛋率下降。这是因为气温过低，鸡维持自身体能所需要的营养增加而耗料量增加，另外，维持营养需要增加，相对生产营养需要降低而产蛋营养不足，产蛋率下降。要避免这些损失，不浪费饲料，必须对鸡舍采取必要的保暖措施。因此进入冬季要封闭棚舍迎风面的窗户，在背风面设置门、窗。放鸡要晚，进圈要早，以免感冒。晚上蛋鸡入舍后关闭门窗，加上棉窗帘和门帘。每天放鸡出舍前，要先开窗通风。气候寒冷的东北、西北和华北北部地区，舍内要有加温设施，一般用火墙、火道。炉灶应设在舍外，可有效防止一氧化碳中毒。早上打开鸡舍时，要先开窗户后开门，让鸡有一个适应寒冷的过程，然后在散养场喂食。生产中发现，冬季喂热食和饮温水可以提高产蛋率，冬季青绿饲料缺乏，可以贮存适量胡萝卜、大白菜来饲喂蛋鸡。饮水不能中断，严防鸡吃雪和喝冰水，以免鸡体散热过多。

（4）增加补充饲料的营养水平：冬末初春草木枯萎，蛋鸡对自然界采食的营养来源减少，必须配合好全价的营养饲料，同时要适当提高人工补料量，以满足蛋鸡产蛋的营养需求。尤其注意饲料中维生素和微量元素的添加和适当提高配合饲料的能量水平。在天气寒冷季节，蛋鸡全价料中能量饲料的比例可比其他季节提高2%。

第六章　常见病的防治问题

一、疾病的预防问题

1. 养殖户如何选择无病原的优良鸡种

养殖户或饲养场应从种源可靠的无病鸡场引进种蛋、种鸡或幼雏，因为有些传染病感染雌鸡是通过受精蛋或病原体污染的蛋壳传染给新孵出的后代，这些孵出的带菌雏或弱雏在不良环境污染等应激因素影响下，很容易发病或死亡。因此选择无病原的种蛋、种鸡或幼雏是提高幼雏成活率的重要因素。从外地或外场引进种鸡时，必须先要了解当地的疫情，在确认无传染病和寄生虫病流行的健康鸡群引种，千万不能将发病场或发病群，或是刚刚病愈的鸡群引入。引进后的鸡先经隔离饲养，不能立即混入健康鸡群，隔离 20 天后，无任何异常方可入群。有条件的饲养场或养殖户最好坚持自繁自养。

2. 鸡病的传播媒介有哪些

(1)卵源传播：由蛋传播的疾病有鸡白痢、禽伤寒、禽大肠杆菌病、鸡毒支原体病、禽白血病、病毒性肝炎、包涵体肝炎、减蛋综合征等。

(2)孵化室传播：主要发生在雏鸡开始啄壳至出壳期间。这时雏鸡开始呼吸，接触周围环境，就会加速附着在蛋壳碎屑和绒毛中病原体的传播。通过这一途径传播的疾病有禽曲霉菌病、沙门菌病等。

(3)空气传播:经空气传播的疾病有鸡败血支原体病、鸡传染性支气管炎、鸡传染性喉气管炎、鸡新城疫、禽流感、禽霍乱、鸡传染性鼻炎、鸡马立克病、禽大肠杆菌病等。

(4)饲料、饮水和设备、用具的传播:病鸡的分泌物、排泄物可直接进入饲料和饮水中,也可通过被污染的加工、储存和运输工具、设备、场所及人员而间接进入饲料和饮水中,鸡摄入被污染的饲料和饮水而导致疾病传播。饲料箱、蛋箱、装禽箱、运输车等设备也往往由于消毒不严而成为传播疾病的重要媒介。

(5)垫料、粪便和羽毛的传播:病鸡粪便中含有大量病原体,病鸡使用过的垫料常被含有病原体的粪便、分泌物和排泄物污染,如不及时清除和更换这些垫料并严格消毒鸡舍,极易导致疾病传播。鸡马立克病病毒存在于病鸡羽毛中,如果对这种羽毛处理不当,可以成为该病的重要传播因素。

(6)混群传播:某些病原体往往不使成年鸡发病,但它们仍然是带菌、带毒和带虫者,具有很强的传染性,如果将后备鸡群或新购入的鸡群与成年鸡群混合饲养,会造成许多传染病暴发流行。由健康带菌、带毒和带虫的家禽而传播的疾病有鸡白痢沙门菌病、鸡毒支原体病、禽霍乱、鸡传染性鼻炎、禽结核、鸡传染性支气管炎、鸡传染性喉气管炎、鸡马立克病、球虫病、组织滴虫病等。

(7)其他动物和人的传播:自然界中的一些动物和昆虫如狗、猫、鼠、各种飞禽、蚊、蝇、甲壳虫、蚯蚓等都是鸡传染病的活体媒介。人常常在鸡病的传播中起着很大的作用,当经常接触鸡群的人所穿的衣服、鞋袜以及他们的体表和手被病原体污染后,如不彻底消毒,就会把病原体带到健康鸡舍而引起发病。

3. 如何防疫鸡群

散养鸡时,鸡接触病原菌多,必须认真按养鸡要求严格做好卫生消毒和防疫工作。

(1)环境卫生

①每天清除舍内粪便以及清扫补饲场地，保持鸡舍和补饲场地清洁干燥。定期用2%～3%烧碱或20%石灰乳对鸡舍及补饲场地进行彻底消毒(也可撒石灰粉)。

②对鸡粪、污物、病死鸡等进行无害化处理。

③用药灭蚊、灭蝇、灭鼠等。

(2)疾病控制

①按正常免疫程序接种疫苗。

②注意防治球虫病及消化道寄生虫病。经常检查，一旦发现，及时驱除。也可在饲料或饮水中添加抗球虫药物如氯苯胍、抗球王等，预防和减少球虫病发生。

③严禁闲杂人员往来。

(3)加强免疫：野外飞鸟、老鼠等可以将一些病的病原体传播给鸡，因此要加强免疫防病。

(4)预防性投药：预防性投药是一项有效控制疫病的重要措施。

4. 常用的消毒方法有哪些

常见的消毒方法有物理消毒法、生物热消毒法、化学消毒法等。

(1)物理消毒法：清扫、洗刷、日晒、通风、干燥及火焰消毒等是简单有效的物理消毒方法，清扫、洗刷等机械性清除则是鸡场使用最普通的一种消毒法。通过对鸡舍的地面和饲养场地的粪便、垫草及饲料残渣等的清除和洗刷，就能使污染环境的大量病原体一同被清除掉，由此而达到减少病原体对鸡群污染的机会。但机械性清除一般不能达到彻底消毒目的，还必须配合其他的消毒方法。太阳是天然的消毒剂，太阳射出的紫外线对病原体具有较强的杀灭作用，一般病毒和非芽孢性病原在阳光的直射下几分钟至几小时可被杀死，如供幼雏所需的垫草、垫料及洗刷的用具等使用前均要放在阳光下暴晒消毒，作为饲料用的谷物也要晒干以防霉变，因为阳光的灼热和蒸发水分引起的干燥也同样具有杀菌作用。

通风亦具有消毒的意义，在通风不良的鸡舍，最易发生呼吸道传染病。通风虽不能杀死病原体，但可以在短期内使鸡舍内空气交换、减少病原体的数量。

(2)生物热消毒法：生物热消毒也是鸡场常采用的一种消毒方法。生物热消毒主要用于处理污染的粪便及其垫草，污染严重的垫草将其运到远离鸡舍地方堆积，在堆积过程中利用微生物发酵产热，使其温度达 70℃以上，经过一段时间(25～30 天)，就可以杀死病毒、病菌(芽孢除外)、寄生虫卵等病原体而达到消毒的目的，同时可以保持良好的肥效。对于鸡粪便污染比较少，而潮湿度又比较大的地面可用草木灰直接撒上起到消毒的作用。

(3)化学消毒法：应用化学消毒剂进行消毒是鸡场使用最广泛的一种方法。化学消毒剂的种类很多，而消毒的效果如何，则取决于消毒剂的种类、药液的浓度、作用的时间和病原体的抵抗力以及所处的环境和性质，因此在选择时，可根据消毒剂的作用特点，选用对该病原体杀灭力强，又不损害消毒的物体、毒性小、易溶于水，在消毒的环境中比较稳定以及价廉易得和使用方便的化学消毒剂。

①火碱：火碱又名氢氧化钠、苛性钠，杀菌作用很强，是一种药效长、价格便宜、使用最广泛的碱类消毒剂。火碱为白色固体，易溶于水和乙醇，在空气中易潮解，并有强烈的腐蚀性。

火碱常用于病毒性感染(如鸡新城疫等)和细菌性感染(如禽霍乱等)的消毒，还可用于炭疽的消毒，对寄生虫卵也有杀灭作用。用于鸡舍、环境、道路、器具和运输车辆消毒时，浓度一般在 1.5%～2%。注意高浓度碱液可灼伤人体组织，对金属制品、漆面有损坏和腐蚀作用。

②生石灰:生石灰为白色或灰色块状物,主要成分是氧化钙,对一般细菌有效,对芽孢及结核杆菌无效。常用于墙壁、地面、粪池及污水沟等的消毒。使用时,可加水配制成10%～20%的石灰乳剂,喷洒房舍墙壁、地面进行消毒;用生石灰粉对鸡舍地面撒布消毒,其消毒作用可持续6小时左右。

③高锰酸钾:高锰酸钾是一种使用广泛的强氧化剂,有较强的去污和杀菌能力,能凝固蛋白质和破坏菌体的代谢过程。高锰酸钾为暗紫色结晶,易溶于水。使用时,0.1%的水溶液用于皮肤、黏膜创面冲洗及饮水消毒;0.2%～0.5%的水溶液用于种蛋浸泡消毒;2%～5%的水溶液用于饲养用具的洗涤消毒。

④漂白粉:鸡场常用它对饮水、污水池、鸡舍、用具、下水道、车辆及排泄物等进行消毒。饮水消毒常用量为每立方米河水或井水中加4～8克漂白粉,拌匀,30分钟后可饮用。1%～3%澄清液可用于饲槽、水槽及其他非金属用具的消毒。污水池常用量为1立方米水中加入8克漂白粉(有效氯为25%)。10%～20%乳剂可用于鸡舍和排泄物的消毒。

⑤次氯酸钠:常用于水和鸡舍内的各种设备、孵化器具的喷洒消毒。一般常用消毒液可配制为0.3%～1.5%。如在鸡舍内有鸡的情况下需要消毒时,可带鸡进行喷雾消毒,也可对地面、地网、墙壁、用具刷洗消毒。带鸡消毒的药液浓度配制一般为0.05%～0.2%,使用时避免与酸性物质混合,以免产生化学反应,影响消毒灭菌效果。

⑥乳酸:乳酸对伤寒杆菌、大肠杆菌、葡萄球菌和链球菌具有杀灭和抑制作用,它的蒸汽或喷雾用于空气消毒,能杀死流感病毒及某些革兰阳性菌。用于空气消毒时,用量为每100立方米空间6～12毫升,加水24～48毫升,使其稀释成20%浓度,消毒30～60分钟。

⑦酒精：即乙醇，杀菌力最强的浓度为75%。酒精对芽孢无作用，常用于注射部位、术部、手、皮肤等涂擦消毒和外科器械的浸泡消毒。

⑧碘酊：即碘酒，为碘与酒精混合配制成的棕色液体，常用的有3%和5%两种。碘酒杀菌力很强，能杀死细菌、病毒、霉菌、芽孢等，常用于鸡的细菌感染和外伤，注射部位、器械、术部及手的涂擦消毒，但对鸡皮肤有刺激作用。

⑨紫药水：紫药水对组织无刺激性，毒性很小，市售有1%～2%的溶液和醇溶液，常用于鸡群的啄伤。除治疗创伤外，还可防止创面再被鸡啄伤。

⑩煤酚皂溶液：即来苏水，主要用于鸡舍、用具与排泄物的消毒，浓度一般为3%～5%。用于排泄物消毒时的浓度为5%～10%。

⑪新洁尔灭：新洁尔灭具有杀菌和去污两种效力，对化脓性病原菌、肠道菌及部分病毒有较好的杀灭能力，对结核杆菌及真菌的杀灭效果不好，对细菌芽孢一般只能起抑制作用。常用于手术前洗手、皮肤消毒、黏膜消毒及器械消毒，还可用于养鸡用具、种蛋的消毒。使用时，0.05%～0.1%水溶液用于手术前洗手；0.1%水溶液用于蛋壳的喷雾消毒和种蛋的浸涤消毒，此时要求液温为40～43℃，浸涤时间不超过3分钟；0.15%～2%水溶液可用于鸡舍内空间的喷雾消毒。

⑫苯酚（石炭酸）：常用2%～5%水溶液消毒污物和鸡舍环境，加入10%食盐可增强消毒作用。

⑬过氧乙酸（过醋酸）：市售商品为15%～20%溶液，有效期6个月，应现用现配。0.3%～0.5%溶液可用于鸡舍、食槽、墙壁、通道和车辆喷雾消毒，0.1%可用于带鸡消毒。

⑭百毒杀：均为季铵盐类，具有较好的消毒效果，对多种细菌、霉菌、病毒及藻类都有杀灭作用，且无刺激性，可用于鸡舍、器具表

面消毒。常用量0.1%；带鸡消毒常用量为0.03%。饮水消毒可用0.01%剂量。

⑮威力碘：1∶(200～400)倍稀释后用于饮水及饮水工具的消毒；1∶100倍稀释后用于饲养用具、孵化器及出雏器的消毒；1∶(60～100)倍稀释后用于鸡舍带鸡喷雾消毒。

5. 如何进行消毒

(1)消毒的先后顺序：鸡场消毒要先净道(运送饲料等的道路)、后污道(清粪车行驶的道路)，先后备鸡场区、后蛋鸡场区，先种鸡场区、后育肥鸡场区，各鸡舍内的消毒桶严禁混用。

(2)消毒频率：一般情况下，每周要进行不少于1次的鸡舍和带鸡消毒；发病期间，坚持每天晚上带鸡消毒。

(3)消毒方法

①人员消毒：鸡场尤其是种鸡场或具有适度规模的鸡场，在圈养饲养区出入口处应设紫外线消毒间和消毒池。鸡场的工作人员和饲养人员在进入圈养饲养区前，必须在消毒间更换工作衣、鞋、帽，穿戴整齐后进行紫外线消毒10分钟，再经消毒池进入鸡场饲养区内。育雏舍和育成舍门前出入口也应设消毒槽，门内放置消毒缸(盆)。饲养员在饲喂前，先将洗干净的双手放在盛有消毒液的消毒缸(盆)内浸泡消毒几分钟。

消毒池和消毒槽内的消毒液，常用2%火碱水或20%石灰乳以及其他消毒剂配成的消毒液。浸泡双手的消毒液通常用0.1%新洁尔灭或0.05%百毒杀溶液。鸡场通往各鸡舍的道路也要每天用消毒药剂进行喷洒。各鸡舍应结合具体情况采用定期消毒和临时性消毒。鸡舍的用具必须固定在饲养人员各自管理的鸡舍内，不准相互通用，同时饲养人员也不能相互串舍。

除此以外，鸡场应谢绝参观。外来人员和非生产人员不得随意进入圈养饲养区，场外车辆及用具等也不允许随意进入鸡场，凡进入圈养饲养区内的车辆和人员及其用具等必须进行严格地消毒，以杜绝外来的病原体带入场内。

②环境消毒：鸡舍周围环境每2～3个月用火碱液消毒或撒生石灰1次；场周围及场内污水池、排粪坑、下水道出口，每1～2个月用漂白粉消毒1次。

③鸡舍消毒程序：清除、清扫→冲洗→干燥→第1次化学消毒→10%石灰乳粉刷墙壁和天棚→移入已洗净的笼具等设备并维修→第2次化学消毒→干燥→甲醛熏蒸消毒。

清扫、冲洗、消毒要细致认真，一般先顶棚、后墙壁再地面。从鸡舍远离门口的一边到靠近门口的一边，先室内后环境，逐步进行，不允许留死角或空白。清扫出来的粪便、灰尘要集中处理，冲出的污水，使用过的消毒液要排放到下水道中，而不应随便堆置在鸡舍附近，或让其自由漫流，对鸡舍周围造成新的人为的环境污染。第1次消毒，要选择碱性消毒剂，如1%～2%火碱、10%石灰乳。第2次消毒，选择常规浓度的氯制剂、表面活性剂、酚类消毒剂、氧化剂等用高压喷雾器按顺序喷洒。第3次消毒用甲醛熏蒸，熏蒸时要求鸡舍的湿度在70%以上，温度10℃以上。消毒剂量为每立方米体积用福尔马林42毫升加42毫升水，再加入21克高锰酸钾。1～2天后打开门窗，通风晾干鸡舍。各次消毒的间隔应在前一次清洗、消毒干燥后，再进行下一次消毒。

④用具消毒：蛋箱、蛋盘、孵化器、运雏箱可先用0.1%新洁尔灭或0.2%～0.5%过氧乙酸消毒，然后在密闭的室内于15～18℃温度下，用甲醛熏蒸消毒5～10小时。鸡笼先用消毒液喷洒，再用水冲洗，待干燥后再喷洒消毒液，最后在密闭室内用甲醛熏蒸消毒。工作人员的手可用0.2%新洁尔灭水清洗消毒，忌与肥皂共用。

⑤饮水消毒：饮水消毒，就是在水中加入适量的消毒剂，杀灭水中的病原微生物。目前，散养鸡腹泻现象比较普遍，原因大都是

鸡用饮水中肠杆菌和沙门菌的含量超标，因此，要搞好鸡的饮水消毒。

Ⅰ.漂白粉：每1000毫升开水加0.3～1.5克或每立方米水加粉剂6～10支，拌匀后30分钟即可饮用。

Ⅱ.抗毒威：以1∶5000的比例稀释，搅匀后放置2小时，让鸡饮用。

Ⅲ.高锰酸钾：配成0.01%的浓度，随配随饮，每周2～3次。

Ⅳ.百毒杀：用50%的百毒杀以1∶(1000～2000)的比例稀释，让鸡饮用。

Ⅴ.过氧乙酸：每千克水中加入20%的过氧乙酸1毫升，消毒30分钟。

注意事项：使用疫(菌)苗前后3天禁用消毒水，以免影响免疫效果；高锰酸钾宜现配现饮，久置会失效；消毒药应按规定的浓度配入水中，浓度过高或过低，会影响消毒效果；饮水中只能放一种消毒药。

⑥带鸡消毒：指在鸡整个饲养期内定期使用有效消毒剂对鸡舍内环境和鸡体表喷雾，以杀灭或减少病原微生物，达到预防性消毒的目的。带鸡消毒要选择高效广谱，无毒无害，腐蚀性小，而黏附性较大的消毒药。常用的消毒药有新洁尔灭、百毒杀、过氧乙酸、次氯酸钠、复合酚(菌毒敌)等。

使用高压喷雾器，喷雾时选用雾滴大小为80～100微米的喷嘴喷洒，药物用量为每立方米30毫升，2日喷1次，易发病季节一日喷1次，喷药距鸡体50厘米为好。首次鸡的消毒不低于10日龄，每次清粪后带鸡消毒1次。

用50%百毒杀，按1∶(2000～3000)倍稀释，每天喷雾1～2次，每隔4天再用0.2%～0.3%的过氧乙酸喷雾1次。喷雾量视气温、鸡龄而定，气温低、鸡龄小、药浓度略高则喷雾量少些(50%的百毒杀按1∶1000倍稀释)。饲养后期除带鸡喷雾消毒外，若能结合饮水消毒(其浓度为50%的百毒杀按1∶(2000～3000)倍稀释长期饮用)效果更好。

过氧乙酸市售品浓度为16%～18%。若自行配制,可将300毫升冰醋酸、15.4毫升浓硫酸和150毫升过氧化氢(30%左右)按顺序混和好,放置24小时,即成浓度为18%的过氧乙酸。使用时,将过氧乙酸稀释成浓度为0.3%～0.5%的水溶液,进行喷雾消毒,每立方米空间用药30毫升左右,鸡舍每周至少喷3次,带鸡消毒既可做预防性消毒,又可做紧急消毒。当鸡群发生传染病时,每天消毒1～2次,连用3～5天可取得良好的效果。

消毒前应注意清除粪便、污物及灰尘,以免降低消毒质量;喷雾消毒时,喷口不可直射鸡,药液浓度和剂量要掌握准确,喷雾程度以地面、墙壁、屋顶均匀湿润和鸡体表稍湿为宜;水温要适当,防止鸡受冻感冒;消毒前应关闭所有门窗,喷雾15分钟后要开窗通气,使其尽快干燥;进行育雏室消毒时,事先把室温提高3～4℃,免得因喷雾降温而使幼雏挤压致死;各类消毒剂交替使用,每月轮换1次。鸡群接种弱毒苗前后3天内停止喷雾消毒,以免降低免疫效果。

⑦鸡粪消毒:把从鸡舍清理出来的鸡粪及污染物、垃圾等,在指定场所堆积发酵,可外覆塑料膜以提高发酵效果。对污染重的鸡粪可焚烧或深埋处理。

⑧病死鸡消毒:凡鸡场病鸡或不明原因死鸡一律装密闭容器送兽医室剖检后,焚烧深埋或直接加生石灰深埋。

6. 预防接种的方法有哪些

以病毒为中心的免疫预防接种,需要制定一个省力、经济、合理、预防效果好的预防接种计划,应根据各个地区、各个鸡场以及鸡的年龄、免疫状态和污染状态的不同因地制宜地结合本场鸡情况制定免疫计划。免疫计划或方案在一个鸡场只能相对地、最大限度地发挥其保护鸡群的作用，但随事物的发展也要逐年加以改进，为本场建立一个最佳方案。

疫苗接种可分注射、饮水、滴鼻滴眼、气雾和穿刺法，根据疫苗的种类，鸡的日龄、健康情况等选择最适当的方法。

(1)注射法：此法需要对每只鸡进行保定，使用连续注射器可按照疫苗规定数量进行肌内或皮下注射，此法虽然有免疫效果准确的一面，但也有捉鸡费力和产生应激等缺点。注射时，除应注意准确的注射量外，还应注意质量，如注射时应经常摇动疫苗液使其均匀。注射用具要做好预先消毒工作，尤其注射针头要准备充分，每群每舍都要更换针头，健康鸡群先注，弱鸡最后注射。

①皮下注射：用大拇指和食指捏住鸡颈中线的皮肤向上提拉，使形成一个囊。入针方向，应自头部插向体部，并确保针头插入皮下，即可按下注射器推管将药液注入皮下。

②肌内注射：对鸡作肌内注射，有 3 个方法可以选择：第一，翼根内侧肌内注射，大鸡将一侧翅向外移动，露出翼根内侧肌肉即可注射。幼雏可左手握成鸡体，用食指、中指夹住一侧翅翼，用拇指将头部轻压，右手握注射器注入该部肌肉中。第二，胸肌注射，注射部位应选择在胸肌中部(即龙骨近旁)，针头应沿胸肌方向并与胸肌平面成 45°角向斜前端刺入，不可太深，防止刺入胸腔。第三，腿部肌内注射，因大腿内侧神经、血管丰富，容易刺伤。以选大腿外侧为好，这样可避免伤及血管、神经引起跛行。

(2)饮水免疫法：将弱毒苗加入饮水中进行免疫接种。饮水免疫往往不能产生足够的免疫力，不能抵御毒力较强的毒株引起的疾病流行。为获得较好的免疫效果，应注意以下事项：

①饮水免疫前 2 天、后 5 天不能饮用任何消毒药。

②饮疫苗前停止饮水 4～6 小时，夏季最好夜间停水，清晨饮水免疫。

③稀释疫苗的水最好用蒸馏水，应不含有任何使疫苗灭活的

物质。

④疫苗饮水中可加入0.1%脱脂乳粉或2%牛奶(煮后晾凉去皮)。

⑤疫苗用量要增加,通常为注射量的2~3倍。

⑥饮水器具要干净,并不残留洗涤剂或消毒药等。

⑦疫苗饮水应避免日光直射,并要求在疫苗稀释后2~3小时内饮完。

⑧饮水器的数量要充足,保证3/4以上的鸡能同时饮水。

⑨饮水器不宜用金属制品,可采用陶瓷、玻璃或塑料容器。

(3)滴鼻滴眼法:通过结膜或呼吸道黏膜而使药物进入鸡体内的方法,常用于幼雏免疫。按规定稀释好的疫苗充分摇匀后,再把加倍稀释的同一疫苗,用滴管或专用疫苗滴注器在每只幼雏的一侧眼膜或鼻孔内滴1~2滴。滴鼻可用固定幼雏手的食指堵着非滴注的鼻孔,加速疫苗吸入,才能放开幼雏。滴眼时,要待疫苗扩散后才能放开幼雏。

(4)气雾免疫法:对呼吸道疾病的免疫效果很理想,简便有效,可进行大群免疫。对呼吸道有亲嗜性的疫苗Ⅱ、Ⅲ、Ⅳ系弱毒疫苗和传染性气管炎强毒疫苗等效果特好。

①选择专用喷雾器,并根据需要调整雾滴。

②配疫苗用量,一般1000羽所需水量200~300毫升,也可根据经验调整用量。

③平养鸡可集中一角喷雾,可把鸡舍分成两半,中间放一栅栏,幼雏通过时喷雾,也可接种人员在鸡群中间来回走动,至少来回2次。

④喷雾时操作者可距离鸡2~3米,喷头和鸡保持1米左右的距离,成45°角,距离鸡头上方50厘米,使雾粒刚好落在鸡的头部。

⑤气雾免疫应注意的问题:所用疫苗必须是高效价的,并且为倍量;稀释液要用蒸馏水或去离子水,最好加0.1%脱脂乳粉或明

胶;喷雾时应关闭鸡舍门窗,减少空气流通,避开直射阳光,待全舍喷完后 20 分钟方可打开门窗;降低鸡舍亮度,操作时力求轻巧,减少对鸡群的干扰,最好在夜间进行;为防止继发呼吸道病,可于免疫前后在饮水、饲料中加抗菌药物。

(5)刺种法:刺种的部位在鸡翅膀内侧皮下。在鸡翅膀内侧皮下,选羽毛稀少,血管少的部位,按规定剂量将疫苗稀释后,用洁净的疫苗接种针蘸取疫苗,在翅下刺种。

(6)滴肛或擦肛法:适用于传染性喉气管炎强毒性疫苗接种。接种时,使鸡的肛门向上,翻出肛门黏膜,将按规定稀释好的疫苗滴一滴,或用棉签或接种刷蘸取疫苗刷 3～5 下,接种后应出现特殊的炎症反应。9 天后即产生免疫力。

7. 如何按日龄进行免疫

下面列举了一则商品鸡和种鸡的免疫程序,各地可以此为参考,结合本地实际,制订出更合适的免疫程序。

(1)商品鸡的免疫程序

1 日龄,用鸡马立克病毒冻干苗(火鸡疱疹病毒苗),按瓶签头份,用马立克疫苗稀释液稀释,出壳 24 小时内的雏鸡每羽颈部皮下注射 0.2 毫升。

5 日龄,鸡新城疫Ⅱ系疫苗,用生理盐水 10 倍稀释,每只雏鸡滴鼻和滴眼 0.03～0.04 毫升,约 1 小滴。

7 日龄,用鸡传染性支气管炎 H120 疫苗,生理盐水 10 倍稀释,每只鸡滴眼或滴鼻 1 滴(0.03～0.04 毫升)。也可以按瓶签头份,每只鸡饮水量以 3～5 毫升计算,用干净饮水稀释后在 1 小时内饮完。

10 日龄,用鸡传染性法氏囊病(IBD)疫苗 G-603(美国产),按头份用生理盐水稀释,每只鸡颈部皮下或肌内注射 0.5 毫升。

20 日龄,用生理盐水 500 倍稀释(1000 头份),每只鸡肌内注射鸡新城疫Ⅰ系弱毒疫苗0.5毫升。

25～30日龄，用鸡传染性喉气管炎弱毒疫苗，生理盐水10倍稀释，每只鸡单侧滴鼻1滴，0.03～0.04毫升（切忌双侧滴鼻或眼）。

35～40日龄，接种鸡传染性支气管炎H50疫苗，用生理盐水10倍稀释，每只满眼1滴。

45日龄，用鸡新城疫Ⅱ系，以3倍量饮水免疫。

（2）选留种种鸡的免疫程序：种鸡饲养周期较长，种用价值高，因此要求免疫的项目较多，免疫水平较高，其免疫程序较之商品鸡的免疫程序要复杂。下面是种鸡饲养期的一些免疫项目，在制订具体的免疫程序时可供参考。

1日龄，用火鸡疱疹病毒冻干疫苗，按瓶签头份加大20%的剂量，用马立克疫苗稀释液稀释，每羽刚出壳的雏鸡颈部皮下注射0.2毫升。

3日龄，鸡新城疫（ND）和传染性支气管炎（IB）二联疫苗，按头份稀释后每只鸡滴眼或滴鼻1～2滴。

8日龄，用小鸡新城疫灭活油佐剂苗，接头份进行颈部皮下注射。

13日龄，鸡传染性法氏囊病（IBD）疫苗G-603（美国产）接头份以生理盐水稀释，颈部皮下注射。

17日龄，鸡痘化弱毒冻干疫苗，用生理盐水200倍稀释，钢笔尖（经消毒）蘸取疫苗，于鸡翅内侧无血管处皮下刺种一针。

20日龄，鸡新城疫Ⅱ系（LaSota毒株），按头份的3倍量于干净饮水稀释后，1小时内饮完疫苗。

25日龄，鸡传染性喉气管炎（LT）弱毒疫苗，按头份稀释后，每只鸡单侧滴眼或滴鼻1滴（切勿双侧滴，否则易造成鸡双眼失明）。

29日龄，鸡新城疫Ⅰ系，生理盐水按头份稀释，每只肌内注射

0.5～1.0 毫升。

45 日龄，禽出败细菌荚膜疫苗，按生产厂商说明使用。

50 日龄，鸡传染性支气管炎疫苗 H52，生理盐水 10 倍稀释，每只鸡滴眼或滴鼻 1 滴。

65 日龄，鸡新城疫Ⅰ系，生理盐水按头份稀释，每只鸡注射 1 毫升。

105 日龄，禽脑脊髓炎、鸡新城疫联苗翼膜刺种。

150 日龄，新城疫(ND)＋传染性支气管炎(IB)＋传染性法氏囊病(IBD)三联油佐剂苗，按使用说明，肌内注射。

155 日龄，减蛋综合征油佐剂疫苗，按使用说明肌内注射。

200 日龄以后，根据抗体监测结果，适时再次用鸡新城疫Ⅱ系疫苗口服。

(3)购苗及防疫注意事项

①要购买有国家批准文号的正式厂家的接种疫苗，不要购买无厂址、批准文号的非正式厂家的疫苗。

②要从有经营权的单位购买疫苗，同时还要看其保存条件是否合格，有无冰箱、冰柜、冷库等冷藏设施，无上述条件请不要购买。

③要详细了解疫苗运输和保存的条件。一般要求疫苗冷藏包装运输，收到疫苗后，应立即放在低温环境中保存。保存时限，因不同温度而异，各种疫苗都有具体规定。凡是超过了一定温度范围都不能使用。

④瓶子破裂、发霉、无标签或者无检号码的疫苗，不能使用。

⑤液体疫苗使用前要用力摇匀，冻干苗要按说明的规定稀释，并充分摇匀，现配现用。剩余疫苗不能再用，废弃前要煮沸消毒。用完的活疫苗瓶同样需要煮沸消毒，因为活疫苗是具毒力的病毒，一旦条件适宜，病毒毒力返强又会侵袭鸡群。

⑥疫苗接种用的注射器，针头、镊子、滴管和稀释的瓶子要先

清洗并煮沸消毒15～30分钟，不要用消毒药煮沸消毒。

⑦疫苗稀释过程应避光、避风尘和无菌操作，尤其是注射用疫苗应严格无菌操作。

⑧疫苗稀释过程中一般应分级进行，对疫苗瓶应用稀释液冲洗2～3次。稀释好的疫苗应尽快用完，尚未使用的也应放在冰箱中冷藏。

⑨免疫接种前要了解当地鸡群的健康状况。在传染病流行期间，除了有些病可紧急接种疫苗外，一般不能免疫接种。

⑩做好预防接种记录，内容包括接种日期，鸡的品种，日龄，数量，接种名称，生产厂家，批号，生产日期和有效期，稀释剂和稀释倍数，接种方法，操作人员，免疫反应等。

8. 鸡场如何灭鼠

鼠是人、畜多种传染病的传播媒介，鼠还盗食饲料和鸡蛋，咬死雏鸡，咬坏物品，污染饲料和饮水，危害极大，因此鸡场必须做好灭鼠工作。

(1)防止鼠类进入建筑物：鼠类多从墙基、天棚、瓦顶等处窜入室内，在设计施工时注意：墙基最好用水泥制成，碎石和砖砌的墙基，应用灰浆抹缝。墙面应平直光滑，防鼠沿粗糙墙面攀登。砌缝不严的空心墙体，易使鼠隐匿营巢，要填补抹平。为防止鼠类爬上屋顶，可将墙角处做成圆弧形。墙体上部与大棚衔接处应砌实，不留空隙。用砖、石铺设的地面，应衔接紧密并用水泥灰浆填缝。各种管道周围要用水泥填平。通气孔、地脚窗、排水沟(粪尿沟)出口均应安装孔径小于1厘米的铁丝网，以防鼠窜入。

(2)器械灭鼠：器械灭鼠方法简单易行，效果可靠，对人、畜无害。灭鼠器械种类繁多，主要有夹、关、压、卡、翻、扣、淹、黏、电等。近年来还研究和采用电灭鼠和超声波灭鼠等方法。

(3)化学灭鼠：化学灭鼠效率高、使用方便、成本低、见效快，缺点是能引起人、畜中毒，有些鼠对药剂有选择性、拒食性和耐药性。所以，使用时需选好药剂和注意使用方法，以保安全有效。灭鼠药剂种类很多，主要有灭鼠剂、熏蒸剂、烟剂、化学绝育剂等。鸡场的鼠类以孵化室、饲料库、鸡舍最多，是灭鼠的重点场所。鼠尸应及时清理，以防被畜误食而发生二次中毒。选用鼠长期吃惯了的食物作饵料，突然投放，饵料充足，分布广泛，以保证灭鼠的效果。

9. 鸡场如何灭蚊、蝇

鸡场易孳生蚊、蝇等有害昆虫，骚扰人、畜和传播疾病，给人、畜健康带来危害，应采取综合措施杀灭。

（1）环境卫生：搞好鸡场环境卫生，保持环境清洁、干燥，是杀灭蚊蝇的基本措施。蚊虫需在水中产卵、孵化和发育，蝇蛆也需在潮湿的环境及粪便等废弃物中生长。因此，填平无用的污水池、土坑、水沟和洼地。保持排水系统畅通，对阴沟、沟渠等定期疏通，勿使污水储积。对贮水池等容器加盖，以防蚊蝇飞入产卵。对不能清除或加盖的防火贮水器，在蚊蝇孳生季节，应定期换水。永久性水体（如鱼塘、池塘等），蚊虫多孳生在水浅而有植被的边缘区域，修整边岸，加大坡度和填充浅湾，能有效地防止蚊虫孳生。鸡舍内的粪便应定时清除，并及时处理，贮粪池应加盖并保持四周环境的清洁。

（2）化学杀灭：化学杀灭是使用天然或合成的毒物，以不同的剂型（粉剂、乳剂、油剂、水悬剂、颗粒剂、缓释剂等），通过不同途径（胃毒、触杀、熏杀、内吸等），毒杀或驱逐蚊蝇。化学杀虫法具有使用方便、见效快等优点，是当前杀灭蚊蝇的较好方法。

①马拉硫磷：是世界卫生组织推荐用的室内滞留喷洒杀虫剂，其杀虫作用强而快，具有胃毒、触毒作用，也可作熏杀，杀虫范围广，可杀灭蚊、蝇、蛆、虱等，对人、畜的毒害小，故适于畜舍内使用。

②敌敌畏：为有机磷杀虫剂。具有胃毒、触毒和熏杀作用，杀

虫范围广,可杀灭蚊、蝇等多种害虫,杀虫效果好。但对人、畜有较大毒害,易被皮肤吸收而中毒,故在畜舍内使用时,应特别注意安全。

③合成拟菊酯:是一种神经毒药剂,可使蚊蝇等迅速呈现神经麻痹而死亡。杀虫力强,特别是对蚊的毒效比敌敌畏、马拉硫磷等高10倍以上,对蝇类,因不产生抗药性,故可长期使用。

二、鸡病的诊断问题

病鸡的检查主要包括全群状态观察和个体检查。通过检查,进行综合分析,仅能做出初步判断,要想确诊还需进一步作病理剖检和实验室诊断,再根据临床症状、特殊病变和病原,做出最后诊断。

1. 如何检查群体

(1)一般状态观察:注意观察鸡对外界刺激的反应、饮食状况、活动情况等。健康鸡反应敏捷,活泼好动,均匀散布,不时觅食或啄羽,食欲旺盛,给食时拥向食槽,争先抢食。病鸡精神不振,反应迟钝,呆立不动或伏卧地上,发病只数多时,则常积聚在一起或挤在某一角落,食欲减退,对饲料无兴趣或拒食,或只吃几口便停食。

(2)鸡冠、肉髯状态观察:健康公鸡的冠较母鸡冠大而厚,冠直立,颜色鲜红、肥润、软柔、有光泽,肉髯左右大小相称、鲜红。病鸡的冠、髯常呈苍白、蓝紫或发黄变冷,发生鸡痘时,冠上有许多结痂或水疱、脓疱等。

(3)羽毛状态观察:健康鸡的羽毛整洁,排列匀称,富有光泽。刚出壳的雏鸡,被毛为细密的绒毛,颜色稍黄。病鸡羽毛蓬乱、污秽、无光泽,提前或推迟换羽,有的还有脱毛现象。病雏延迟生毛,绒毛呈结节状或卷缩。

(4)肛门及粪便状态观察:健康鸡的肛门及其周围的羽毛清洁,排出的粪便不软不硬,多呈圆柱形,粪色多为棕绿色(但常与饲料有关),粪的表面一侧附有少量白色沉淀物。病鸡肛门松弛,腹泻时肛门周围羽毛潮湿,被粪汁污染。粪中黏液增多,或带有血液。雏鸡白痢常见粪便将肛门阻塞不通,虽有频频排粪姿势,但不见粪便排出,病雏发出"吱吱"的叫声;高产母鸡可发生肛门外翻。

(5)姿势与体态观察:健康鸡站立平稳,或以一脚站立休息,运步轻快,两翅协调、敏捷,收缩完全,关节和趾腿伸屈自如,落地有力,躯体结构匀称。病鸡站立不动或站立不稳,甚至卧地;或两翅收缩无力,不能紧贴肋骨,呈翅膀下垂支地,羽毛松乱、运动时两翅勉强缓慢移动,关节伸屈无力,或关节肿大、麻痹、变形等。

(6)呼吸状态观察:健康鸡呼吸时没有声音,也无其他特殊表现。病鸡呼吸较快、咳嗽、张口伸颈,或发出各种呼吸音。鸡支原体病时,发出"呼呼"声。鸡白喉和鸡新城疫时,发出"咯咯"声等。

2. 如何检查个体

全群观察后,挑出有异常变化的典型病鸡,作个体检查。

(1)体温检查:鸡测温须用高刻度的小型体温计,从泄殖腔或翅膀下测温。如通过泄殖腔测温,将体温计消毒涂油润滑后,从肛门插入直肠(右侧)2～3 厘米经 1～2 分钟取出,注意不要损伤输卵管。鸡的正常体温为 39.6～43.6℃,体温升高,见于急性传染病、中暑等;体温降低,见于慢性消耗性疾病、贫血、下痢等。如果有条件也可购买禽用红外体温计,距鸡 5 厘米就可以测温。

(2)头部检查

①喙检查:注意检查喙的硬度、颜色,上、下喙是否吻合或变形等。

②鼻孔和鼻腔检查:鼻有分泌物,是鼻道疾病最显著的特征之一,检查时应注意分泌物的量和性状。

③眼睛检查:注意观察结膜的色泽,有无出血点和水肿,角膜的完整性和透明度。

④口腔检查:将鸡上下喙拨开或拉开,并用手指顶压喉部,则可观察到口腔黏膜、舌、咽喉等。注意观察口腔内有无假膜、炎症、充血、出血、水肿或黏稠分泌物等。

(3)嗉囊检查:常用视诊和触诊检查嗉囊,并可一手握持鸡腿,使鸡头部向下,另一手由嗉囊基都轻捏,压出部分内容物。注意嗉囊的大小、硬度及内容物的气味、性状。

(4)胸部检查:触摸胸骨两侧肌肉,了解鸡的营养状况(胸肌厚薄)。同时注意胸骨、肋骨有无变形,是否有痛,有无囊肿、皮下水肿、气肿等,当胸骨两侧肌肉消瘦,胸骨凸出,多见于马立克病、淋巴白血病等慢性传染病、当饲料中长期缺钙或维生素 D 时,鸡胸骨变薄,变成弯曲状态。

(5)腹部检查:用视诊和触诊方法检查腹部,注意腹部的大小、腹壁的柔韧性。在左侧后下部还可触到部分夹在左、右肝叶之间的肌胃,触摸产蛋鸡的肌胃时,注意不应与蛋相混淆,肌胃较扁平,呈椭圆形或圆形,两侧突起,而蛋呈椭圆形,一头钝圆,另一头较尖圆,位于腹腔上侧近泄殖腔外。触诊肠环,可触摸到硬的粪块,盲肠呈棍棒状,提示为球虫病或盲肠肝炎等。

(6)泄殖腔检查:可用拇指和食指翻开泄殖腔,观察其黏膜的色泽,完整性及其状态。若怀疑有囊肿等,可先用凡士林涂擦食指,然后小心伸入泄殖腔内触摸鉴别。

(7)腿和关节检查:注意检查腿的完整性、韧带关节的连接状态和骨骼的形状。鸡神经性马立克病常见腿麻痹,呈"大劈叉"姿势。

3. 如何剖检病鸡

鸡的病理剖检在禽病诊治中具有重要的指导意义,这一点已为广大禽病技术服务人员所重视。因此如对鸡场中出现的病、残或死鸡尽快进行尸体剖检，以便及时发现鸡群中存在的潜在问题，防止疾病的暴发和蔓延。

(1)病理剖检的准备

①剖检地点的选择：应在远离生产区的下风处，尽量远离生产区，避免病原的传播。

②剖检器械的准备：对于鸡剖检，一般有剪刀和镊子即可工作。另外可根据需要准备骨剪、肠剪、手术刀、搪瓷盆、标本缸、广口瓶、消毒注射器、针头、培养皿等，以便收集各种组织标本。

③剖检防护用具的准备：工作服、胶靴、一次性医用手套或橡胶手套、脸盆或塑料小水桶、消毒剂、肥皂、毛巾等。

④尸体处理设施的准备：对剖检后的尸体应进行焚烧或深埋。

(2)病理剖检的注意事项

①在进行病理剖检时，如果怀疑待检的鸡已感染的疾病可能对人有接触传染时(如鸟疫、丹毒、禽流感等)，必须采取严格的卫生预防措施。剖检人员在剖检前换上工作服、胶靴、配戴优质的橡胶手套、帽子、口罩等，在条件许可的条件下最好戴上面具，以防吸入病禽的组织或粪便形成的尘埃等。

②在进行剖检时应注意所剖检的病(死)鸡应在鸡群中具有代表性。如果病鸡已死亡则应立即剖检(一般应在死后 24 小时内剖检，夏天在死后 8 小时内剖检)，应尽可能对所有死亡鸡进行剖检。

③剖检前应当用消毒药液将病鸡的尸体和剖检的台面完全浸湿。

④剖检过程应遵循从无菌到有菌的程序，对未经仔细检查且粘连的组织，不可随意切断，更不可将腹腔内的管状器官(如肠道)切断，造成其他器官的污染，给病原分离带来困难。

⑤剖检人员应认真地检查病变，切忌草率行事。如需进一步检查病原和病理变化，应取病料送检。

⑥在剖检中，如剖检人员不慎割破自己的皮肤，应立即停止工作，先用清水洗净，挤出污血，涂上药物，用纱布包扎或贴上创可贴；如剖检的液体溅入眼中时，应先用清水洗净，再用20%的硼酸冲洗。

⑦剖检后，所用的工作服、剖检的用具要清洗干净，消毒后保存。剖检人员应用肥皂或洗衣粉洗手，洗脸，并用75%的酒精消毒手部，再用清水洗净。

(3)病理剖检的程序：病理剖检一般遵循由外向内，先无菌后污染，先健部后患部的原则，按顺序，分器官逐步完成。

①活鸡应首先放血处死、死鸡能放出血的尽量放血，检查并记录患鸡外表情况，如皮肤、羽毛、口腔、眼睛、鼻孔、泄殖腔等有无异常。

②用消毒液将禽尸羽毛沾湿或浸湿，避免羽毛、尘屑飞扬，然后将鸡尸放在解剖盘中或塑料布上。

③用刀或剪把腹壁和两侧大腿间的疏松皮肤纵向切开，剪断连接处的肌膜，两手将两股骨向外压，使股关节脱臼，卧位平稳。

④将龙骨末端后方皮肤横行切断，提起皮肤向前方剥离并翻置于头颈部，使整个胸部至颈部皮下组织和肌肉充分暴露，观察皮下、胸肌、腿肌等处有无病变，如有无出血、水肿，脂肪是否发黄，以及血管有无淤血或出血等。

⑤皮下及肌肉检查完之后，在胸骨末端与肛门之间作一切线，切开腹壁，再顺胸骨的两边剪开体腔，以剪刀就肋骨的中点，由后向前将肋骨、胸肌、锁骨全部剪断，然后将胸部翻向头部，使体腔器官完全暴露。然后观察各脏器的位置、颜色、有无畸形，浆膜的情况如有无渗出物和粘连，体腔有无积水、渗出物或出血。接着剪断腺胃前的食管，拉出胃肠道、肝和脾，剪断与体腔的联系，即可摘出肝、脾、生殖器官、心、肺和肾等进行观察。若要采取病料进行微生物学检查，一定要用无菌方法打开体腔，并用无菌法采取需要的病

料(肠道病料的采集应放到最后)后再分别进行各脏器的检查。

⑥将鸡尸的位置倒转,使头朝向剖检者,剪开嘴的上下连合,伸进口腔和咽喉,直至食管和食道膨大部,检查整个上部消化道,以后再从喉头剪开整个气管和两侧支气管。观察后鼻孔、腭裂及喉口有无分泌物堵塞;口腔内有无伪膜或结节;再检查咽、食道和喉、气管黏膜的颜色,有无充血、出血、黏液和渗出物。

⑦根据需要,还可对鸡的神经器官如脑、关节囊等进行剖检。脑的剖检可先切开头顶部皮肤,从两眼内角之间横行剪断颧骨,再从两侧剪开顶骨、枕骨,掀除脑盖,暴露大、小脑,检查脑膜以及脑髓的情况。

(4)病理材料的采集

①病理材料的采集:送检整个新鲜病死鸡或病重的鸡,要求送检材料具有代表性,并有一定的数量;送检为病理组织学检验时,应及时采集病料并固定,以免腐败和自溶而影响诊断;送检毒物学检查的材料,要求盛放材料的容器要清洁,无化学杂质,不能放入防腐消毒剂。送检的材料应包括肝脏、胃、肠内容物,怀疑中毒的饲料样品,也可送检整个鸡的尸体;送检细菌学、病毒学检查的材料,最好送检具有代表性的整个新鲜病死鸡或病重鸡到有条件的单位由专业技术人员进行病料的采集。

②病理材料的送检:将整个鸡的尸体放入塑料袋中送检;固定好的病理材料可放入广口瓶中送检;毒物学检验材料应由专人保管、送检,并同时提供剖检材料,提出可疑毒物等情况;送检材料要有详细的说明,包括送检单位、地址、鸡的品种、性别、日龄、病料的种类、数量、保存及固定的方法、死亡日期、送检日期、检验目的、送检人的姓名。并附临床病例的情况说明(发病时间、临床症状、死亡情况、产蛋情况、免疫及用药情况等)。

三、常见疾病的治疗与预防问题

1. 如何治疗鸡白痢

鸡白痢是由鸡白痢沙门菌引起的传染性疾病，世界各地均有发生，是危害养鸡业最严重的疾病之一。

(1)发病特点：经卵传染是雏鸡感染鸡白痢沙门菌的主要途径。病鸡的排泄物是传播本病的媒介，饲养管理条件差，如雏群拥挤，环境不卫生，育雏室温度太高或者太低，通风不良，饲料缺乏或质量不良，较差的运输条件或者同时有其他疫病存在，都是诱发本病和增加死亡率的因素。

(2)临床症状：本病在雏鸡和成年鸡中所表现的症状和经过有显著的差异。

①雏鸡：潜伏期4～5天，故出壳后感染的雏鸡，多在孵出后几天才出现明显症状。7～10天后雏鸡群内病雏逐渐增多，在第2～3周达高峰。发病雏鸡呈最急性者，无症状迅速死亡。稍缓者表现精神委顿，绒毛松乱，两翼下垂，缩头颈，闭眼昏睡，不愿走动，拥挤在一起。病初食欲减少，而后停食，多数出现软嗉症状。同时腹泻，排稀薄如浆糊状粪便，肛门周围绒毛被粪便污染，有的因粪便干结封住肛门周围，影响排粪。由于肛门周围炎症引起疼痛，故常发生尖锐的叫声，最后因呼吸困难及心力衰竭而死。有的病雏出现眼盲，或肢关节呈跛行症状。病程短的1天，一般为4～7天，20天以上的雏鸡病程较长。3周龄以上发病的极少死亡。耐过鸡生长发育不良，成为慢性患者或带菌者。

②育成鸡：该病多发生于40～80天的鸡，地面平养的鸡群发生此病较网上和育雏笼育雏育成发生的要多。另外育成鸡发病多有应激因素的影响，如鸡群密度过大，环境卫生条件恶劣，饲养管

理粗放，气候突变，饲料突然改变或品质低下等。本病发生突然，全群鸡只食欲、精神尚可，总见鸡群中不断出现精神、食欲差和下痢的鸡只，常突然死亡。死亡不见高峰而是每天都有鸡只死亡，数量不一。该病病程较长，可拖延 20～30 天，死亡率可达10%～20%。

③成年鸡：成年鸡白痢多呈慢性经过或隐性感染。一般不见明显的临床症状，当鸡群感染比较大时，可明显影响产蛋量，产蛋高峰不高，维持时间亦短，死淘率增高。有的鸡表现鸡冠萎缩，有的鸡开产时鸡冠发育尚好，以后则表现出鸡冠逐渐变小，发绀，病鸡有时下痢。仔细观察鸡群可发现有的鸡寡产或根本不产蛋。极少数病鸡表现精神委顿，头翅下垂，腹泻，排白色稀粪，产蛋停止。有的感染鸡因卵黄囊炎引起腹膜炎，腹膜增生而呈“垂腹”现象，有时成年鸡可呈急性发病。

(3)病理变化：在育雏器内早期死亡的雏鸡无明显病理变化，仅见肝肿大、充血、有条纹状出血，其他脏器充血，卵黄囊变化不大，病程稍长卵黄吸收不良，内容物如油脂状或干酪样，在心肌、肺、肝、盲肠、大肠及肌胃内有坏死灶或结节。有些病例有心外膜炎，肝有点状出血或坏死点，胆囊胀大、脾肿大、肾充血或贫血，输尿管中充满尿酸盐而扩张，盲肠中有干酪样物质堵塞肠腔，有时还混有血液。

(4)诊断：鸡白痢的诊断主要依据本病在不同年龄鸡群中发生的特点以及病死鸡的主要病理变化，不难做出确切诊断。但只有在鸡白痢沙门菌分离和鉴定之后，才能做出对鸡白痢的确切诊断。

(5)治疗

①呋喃唑酮(痢特灵)按 0.03%～0.04%的比例拌在饲料里，即 10 千克饲料加 4 克，连喂 5～7 天。幼雏对呋喃唑酮比较敏感，应用时必须充分混合，以防中毒。

②土霉素、金霉素或四环素按0.1%～0.2%的比例拌在饲料里，连喂7天为一疗程。

③青霉素、链霉素按每只鸡5000～10 000国际单位作饮水或气雾治疗，一般5～7天为一疗程，初生雏鸡药量减半。

(6)预防

①通过对种鸡群检疫，定期严格淘汰带菌种鸡，建立无鸡白痢种鸡群是消除此病的根本措施。

②搞好种蛋消毒，做好孵化厅、育雏舍的卫生消毒。

③育雏鸡时要保证舍内恒温做好通风换气，鸡群密度适宜，喂给全价饲料，及时发现病雏鸡，隔离治疗或淘汰，杜绝鸡群内的传染等。

④目前雏育鸡阶段，都在1日龄开始投予一定数量的生物防治制剂，如促菌生、调痢生、乳康生等，对鸡白痢效果常优于一般抗菌药物，对雏鸡安全，成本低。此外也可用抗生素药类，如氯霉素0.2%拌料，连给4～5天，呋喃唑酮0.02%拌料，连服6～7天，诺氟沙星或吡哌酸0.03%拌料或饮水。

2. 如何治疗鸡传染性法氏囊病

鸡传染性法氏囊病又称鸡传染性腔上囊病，是由传染性法氏囊病毒引起的一种急性、接触传染性疾病。发病率高，几乎达100%，死亡率低，一般为5%～15%，是目前养禽业最重要的疾病之一。

(1)发病特点：自然条件下，本病只感染鸡，所有品种的鸡均可感染。本病仅发生于2周至开产前的鸡，3～7周龄为发病高峰期。病毒主要随病鸡粪便排出，污染饲料、饮水和环境，使同群鸡经消化道、呼吸道和眼结膜等感染；各种用具、人员及昆虫也可以携带病毒，扩散传播；本病还可经蛋传递。

(2)临床症状：雏鸡群突然大批发病，2～3天内可波及60%～

70%的鸡,发病后3～4天死亡达到高峰,7～8天后死亡停止。病初精神沉郁,采食量减少,饮水增多,有些自啄肛门,排白色水样稀粪,重者脱水,卧地不起,极度虚弱,最后死亡。耐过雏鸡贫血消瘦,生长缓慢。

(3)病理变化:剖检可见法氏囊发生特征性病变,法氏囊呈黄色胶冻样水肿、质硬、黏膜上覆盖有奶油色纤维素性渗出物。有时法氏囊黏膜严重发炎,出血,坏死,萎缩。另外,病死鸡表现脱水,腿和胸部肌肉常有出血,颜色暗红。肾肿胀,肾小管和输尿管充满白色尿酸盐。脾脏及腺胃和肌胃交界处黏膜出血。

(4)诊断:根据流行病学,临床症状、病理变化的特点,现场都可以做正确的诊断。但要注意本病与球虫病、新城疫等区别。

(5)治疗

①鸡传染性法氏囊病高免血清注射液,3～7周龄鸡,每只肌注0.4毫升;成鸡注射0.6毫升,注射一次即可,疗效显著。

②鸡传染性法氏囊病高免蛋黄注射液,每千克体重1毫升肌内注射,有较好的治疗作用。

③复方炔酮,0.5千克鸡每天1片,1千克的鸡每天2片,口服,连用2～3天。

④丙酸睾丸酮,3～7周龄的鸡每只肌注5毫克,只注射1次。

⑤速效管囊散,每千克体重0.25克,混于饲料中或直接口服,服药后8小时即可见效,连喂3天。治愈率较高。

⑥盐酸吗啉胍(每片0.1克)8片,拌料1千克,板蓝根冲剂15克,溶于饮水中,供半日饮用。

(6)预防

①采用全进全出饲养体制,全价饲料。鸡舍换气良好,温度、湿度适宜,消除各种应激条件,提高鸡体免疫应答能力。对60日龄内的雏鸡最好实行隔离封闭饲养,杜绝传染来源。

②严格卫生管理,加强消毒净化措施。

③预防接种是预防鸡传染性法氏囊病的一种有效措施。目前我国批准生产的疫苗有弱毒苗和灭活苗。现介绍两种免疫程序供参考:无母源抗体或低母源抗体的雏鸡,出生后用弱毒疫苗或用1/2～1/3 中等毒力疫苗进行免疫,滴鼻、点眼两滴(约 0.05 毫升);肌内注射 0.2 毫升;饮水按需要量稀释,2～3 周时,用中等毒力疫苗加强免疫。有母源抗体的雏鸡,14～21 日龄用弱毒疫苗或中等毒力疫苗首次免疫,必要时 2～3 周后加强免疫 1 次。商品鸡用上述程序免疫即可;种鸡则在 10～12 周龄用中等毒力疫苗免疫 1 次,18～20 周龄用灭活苗注射免疫。

3. 如何治疗鸡大肠杆菌病

鸡大肠杆菌病是由致病性大肠杆菌引起的一种常见多发病,其中包括多种病型,且复杂多样,是目前危害养鸡业重要的细菌性疾病之一。

(1)发病特点:禽大肠杆菌在鸡场普遍存在,特别是通风不良,大量积粪鸡舍,在垫料、空气尘埃、污染用具和道路,粪场及孵化厅等处环境中染菌最高。

大肠杆菌随粪便排出,并可污染蛋壳或从感染的卵巢、输卵管等处侵入卵内,在孵育过程中,使禽胚死亡或出壳发病和带菌,是该病传播过程中重要途径。带菌禽以水平方式传染健康禽,消化道、呼吸道为常见的传染门户,交配或污染的输精管等也可经生殖道造成传染。啮齿动物的粪便常含有致病性大肠杆菌,可污染饲料、饮水而造成传染。

本病主要发生在密集化养禽场,各种禽类不分品种、性别、日龄均对本菌易感。特别幼龄禽类发病最多,如污秽、拥挤、潮湿通风不良的环境,过冷过热或温差很大的气候,有毒有害气体(氨气或硫化氢等)长期存在,饲养管理失调,营养不良(特别是维生素的缺乏)以及病原微生物(如支原体及病毒)感染所造成的应激等均可促进本病的发生。

(2)临床症状:大肠杆菌感染情况不同,出现的病情就不同。

①气囊炎:多发病于5～12周龄的幼鸡,6～9周龄为发病高峰。病鸡精神沉郁,呼吸困难、咳嗽,有湿啰音,常并发心包炎、肝周炎、腹膜炎等。

②脐炎:主要发生在新生雏,一般是由大肠杆菌与其他病菌混合感染造成的。感染的情况有两种,一种是种蛋带菌,使胚胎的卵黄囊发炎或幼雏残余卵黄囊及脐带有炎症;另一种是孵化末期温度偏高,生雏提前,脐带断痕愈合不良引起感染。病雏腹部膨大,脐孔不闭合,周围皮肤呈褐色,有刺激性恶臭气味,卵黄吸收不良,有时继发腹膜炎。病雏3～5天死亡。

③急性败血症:病鸡体温升高,精神委靡,采食锐减,饮水增多,有的腹泻,排泄绿白色或黄色稀便,有的死前出现仰头、扭头等神经症状。

④眼炎:多发于大肠杆菌败血症后期。患病侧眼睑封闭,肿大突出,眼内积聚脓液或干酪样物。去掉干酪样物,可见眼角膜变成白色、不透明,表面有黄色米粒大坏死灶。

(3)病理变化:病鸡腹腔液增多,腹腔内各器官表面附着多量黄白色渗出物,致使各器官粘连。特征性病变是肝脏呈绿色和胸肌充血,有时可见肝脏表面有小的白色病灶区。盲肠、直肠和回肠的浆膜上见有土黄色脓肿或肉芽结节,肠粘连不能分离。

(4)诊断:本病常缺乏特征性表现,其剖检变化与鸡白痢、新城疫、霍乱、马立克病等不易区别,因而根据流行特点、临床症状及剖检变化进行综合分析,只能做出初步诊断,最后确诊需进行实验室检查。

(5)治疗:用于治疗本病的药物很多,其中恩诺沙星、先锋霉素、庆大霉素可列为首选药物(因埃希大肠杆菌对四环素、强力霉素、青霉素、链霉素、卡那霉素、复方新诺明等药物敏感性较低而耐药性较强,临床上不宜选用)。在治疗过程中,最好交替用药,以免产生抗药性,影响治疗效果。

①用恩诺沙星或环丙沙星饮水、混料或肌内注射。每毫升5%恩诺沙星或5%环丙沙星溶液加水1千克(每千克饮水中含药约50毫克),让其自饮,连续3~5天;用2%的环丙沙星预混剂250克均匀拌入100千克饲料中(即含原药5克),饲喂1~3天;肌内注射,每千克体重注射0.1~0.2毫升恩诺沙星或环丙沙星注射液,效果显著。

②用庆大霉素混水,每千克饮水中加庆大霉素10万单位,连用3~5天;重症鸡可用庆大霉素肌内注射,幼鸡每只每次5000单位,成鸡每次1万~2万单位,每天3~4次。

③用氯霉素粉按0.05%浓度混料,连喂5~7天。

④用壮观霉素按31.5×10^{-6}浓度混水,连用4~7天。

⑤用痢特灵按0.04%浓度混料,连喂5天。

⑥用强力抗或灭败灵混水。每瓶强力抗药液(15毫升),加水25~50千克,任其自饮2~3天,其治愈率可达98%以上。

⑦用5%氟哌酸预混剂50克,加入50千克饲料内,拌匀饲喂2~3天。

(6)预防

①搞好孵化卫生及环境卫生,对种蛋及孵化设施进行彻底消毒,防止种蛋的传递及初生雏的水平感染。

②加强雏鸡的饲养,适当减少饲养密度,注意控制鸡舍、湿度、通风等环境条件,尽量减少应激反应。在断喙、接种、转群等造成鸡体抗病力下降的情况下,可在饲料中添加抗生素,并增加维生素与微量元素的含量,以提高营养水平,增强鸡体的抗病力。

③在雏鸡出壳后3~5日龄及4~6日龄分别给予2个疗程的抗菌类药物可以收到预防本病的效果。

④大肠杆菌的不同血清型没有交叉免疫作用,但对同一菌型

具有良好的免疫保护作用，大多数鸡经免疫后可产生坚强的免疫力。因此，对于高发病地区，应分离病原菌作血清型（菌型）的鉴定，然后依型制备灭活铝胶苗进行免疫接种。种鸡免疫接种后，雏鸡可获得被动保护。菌苗需注射2次，第一次注射在第13～15周龄，第二次注射在17～18周龄，以后每隔6个月进行一次加强免疫注射。

4. 如何治疗鸡球虫病

鸡球虫病是由艾美尔属的各种球虫寄生于鸡肠道引起的疾病，对雏鸡危害极大，死亡率高，是鸡生产中的常见多发病，在潮湿闷热的季节发病严重，是养鸡业一大危害。

（1）发病特点：各个品种的鸡均有易感性，15～50日龄的鸡发病率和致死率都较高，成年鸡对球虫有一定的抵抗力。病鸡是主要传染源，凡被带虫鸡污染过的饲料、饮水、土壤和用具等，都有卵囊存在。鸡感染球虫的途径主要是吃了感染性卵囊。人及其衣服、用具等以及某些昆虫都可成为机械传播者。

饲养管理条件不良，鸡舍潮湿、拥挤，卫生条件恶劣时，最易发病。在潮湿多雨、气温较高的梅雨季节易爆发球虫病。

（2）临床症状

①急性型：急性型病程为2～3周，多见于雏鸡。发病初期精神沉郁，羽毛松乱，不爱活动；食欲废绝，鸡冠及可视黏膜苍白，逐渐消瘦；排水样稀便，并带有少量血液。若是盲肠球虫，则粪便呈棕红色，以后变成血便。雏鸡死亡率高达100％。

②慢性型：慢性型多见于2～4个月龄的雏鸡或成鸡，症状类似急性型，但不大明显。病程长达数周或数月，病鸡逐渐消瘦，产蛋减少，间歇性下痢，但较少死亡。

（3）病理变化：鸡体消瘦，肌肉苍白、贫血。柔嫩艾美尔球虫侵害盲肠（也称盲肠球虫）引起极度肿胀，浆膜、黏膜有出血点，肠壁增厚，肠内充满血样内容物或混有干酪样物质。毒害艾美尔球虫主要侵害小肠(又称小肠球虫)，受侵害肠段高度肿胀，肠内充气，肠黏膜有较大的出血点，浆膜还可见黄白色或血样病灶，肠内充满血样内容物。

(4)诊断：根据临床表现结合病理剖检、病鸡年龄和季节做出判断。

(5)治疗

①球痢灵，按饲料量的0.02%～0.04%投服，以3～5天为一疗程。

②氨丙啉，按饲料量的0.025%投服，连续投药5～7天。

③克球粉(可爱丹)用量用法同球痢灵。

④氯苯胍，按饲料量的0.0033%投服，以3～5天为一疗程。

⑤盐霉素(沙利诺麦新)剂量为70毫克/千克，拌饲料中，连用5天。

⑥青霉素每天每只雏鸡按4000单位计算，溶于水中饮服，连用3天。

⑦三字球虫粉(磺胺氯吡嗪钠)治疗量饮水按0.1%浓度，混料按0.2%比例，连用3天。同时对细菌性疾病也有效。

⑧马杜拉霉素(加福)预防量为5毫克/千克，长期应用。

(6)预防：育雏前，鸡舍地面，育雏器、饮水器、饲槽要彻底清洗，用火焰消毒，保持舍内地面、垫草干燥，粪便应及时清除发酵处理。

①预防性投药和治疗：在易发日龄饲料添加抗球虫药，因球虫对药物易产生抗药性，故常用抗球虫药物应交替应用。或联合使用几种高效球虫药，如球虫灵、菌球净、氯苯胍、莫能霉素、盐霉素、复方新诺明、氯丙啉等。

②免疫防治：现有球虫疫苗，种鸡可应用，使子代获得母源抗体保护。

5. 如何治疗鸡新城疫

鸡新城疫又称亚洲鸡瘟，是由鸡新城疫病毒感染引起的急性高度接触性的烈性传染病。无论成鸡还是雏鸡，一年四季均可发生，但春、秋两季发病率高并易流行。

(1)发病特点：本病不分品种、年龄和性别，均可发生。主要传染源是病鸡和带毒鸡的粪便及口腔黏液，被病毒污染的饲料、饮水和尘土经消化道、呼吸道或结膜传染易感鸡是主要的传播方式。空气和饮水传播，人、器械、车辆、饲料、垫料(稻壳等)、种蛋、幼雏、昆虫、鼠类的机械携带，以及带毒的鸽、麻雀的传播对本病都具有重要的流行病学意义。

本病一年四季均可发生，以冬春寒冷季节较易流行。不同年龄、品种和性别的鸡均能感染，但幼雏的发病率和死亡率明显高于大龄鸡。

(2)临床症状：自然感染的潜伏期一般为3～5天。根据毒株毒力的不同和病程的长短，可分为最急性、急性和亚急性或慢性三种。

①最急性型：往往不见临床症状，突然倒地死亡。常常是头一天鸡群活动采食正常，第二天早晨在鸡舍发现死鸡。如不及时救治，1周后将会大批死亡。

②急性和亚急性型：潜伏期较长，病鸡发高烧，呼吸困难，精神委靡打蔫，冠和肉垂呈紫黑色，鼻、咽、喉头积聚大量酸臭黏液，并顺口流出，有时为了排出气管黏液常作摆头动作，发生特征性的“咕噜声”，或咳嗽、打喷嚏，拉黄色或绿色或灰白色恶臭稀便，2～5天死亡。

③慢性型：病初症状同急性相似，后来出现神经症状，动作失调，头向后仰或向一侧扭曲、转圈，步履不稳、翅膀麻痹，10～20天逐渐消瘦而死亡。

(3)病理变化:急性以腺胃乳头有出血点或溃疡和坏死为主要特征。一般全身黏膜充血和出血,呼吸道和消化道充血出血,肌胃角质层下常见出血、胸腺肿大呈灰红色有出血点。鼻腔、喉头和气管内积有大量污秽黏稠液,喉头、充血出血,有的带有假膜。

(4)诊断:临床上病鸡呼吸困难、下痢、翅腿麻痹等神经症状。根据上述特征以及一般流行病学仅鸡发病,鸭、鹅一般不发病,具有高发病率和病死率可做出诊断。确诊时需进行病毒分离和鉴定、血凝抑制试验等。

(5)治疗:鸡群一旦发生本病,首先将可疑病鸡检出焚烧或深埋,被污染的羽毛、垫草、粪便、病变内脏亦应深埋或烧毁。封锁鸡场,禁止转场或出售,立即彻底消毒环境,并给鸡群进行Ⅰ系苗加倍剂量的紧急接种;鸡场内如有雏鸡,则应严格隔离,避免Ⅰ系苗感染雏鸡。

根据近几年的经验总结,推荐以下紧急接种措施。

①新威灵2倍量+新城疫核酸A液+生理盐水0.15毫升/只混合后胸肌注射,待24小时后饮用新城疫核酸B液:新威灵为嗜肠道型毒株,接种后呼吸道症状反应轻微,并可在接种3～4天后使抗体效价得到迅速的提升。新城疫核酸可快速消除新城疫症状。但A液通过饮水途径或不和疫苗联合使用时效果很差。

②Lasota点眼:在胸肌接种的同时,用Lasota点眼,使免疫更确实。

③连续饮用赐能素或富特5天:可快速诱导机体产生抗体,提高抗体效价。

④坚持带鸡喷雾消毒:疫苗接种3天后,每天用好易洁消毒液进行带鸡喷雾消毒。

⑤做好封锁隔离:要做好发病鸡舍的隔离工作,禁止发病鸡舍人员窜动,对周边鸡舍采取新城疫加强免疫接种措施,并连续饮用富特口服液。在疫病流行过后观察1个月再无新病例出现,且进

行最后一次彻底消毒后才解除封锁。

(6)预防

①根据当地疫情流行特点，制定适宜免疫程序，按期进行免疫接种，即 7～10 日龄采用鸡新城疫Ⅱ系(或 F 系)疫苗滴鼻、点眼进行首免；25～30 日龄采用鸡新城疫Ⅳ系苗饮水进行二免；70～75 日龄采用鸡新城疫Ⅰ系疫苗肌内注射进行三免；135～140 日龄再次用鸡新城疫Ⅰ系疫苗肌内注射接种免疫。

②搞好鸡舍环境卫生，地面、用具等定期消毒，减少传染媒介，切断传染途径。

③不在市场买进新鸡，防止带进病毒。并建立鸡出场(舍)就不再返回的制度。

④一旦发生鸡瘟，病鸡要坚决隔离淘汰，死鸡深埋。对全群没有临床症状的鸡，马上做预防接种。通常在接种 1 周后，疫情就能得到控制，新病例就会减少或停止。

6. 如何治疗禽流感

禽流感又称欧洲鸡瘟或真性鸡瘟(应注意与新城疫病毒引起的亚洲鸡瘟相区别)，是由 A 型流感病毒引起的一种急性、高度接触性和致病性传染病。该病毒不仅血清型多，而且自然界中带毒动物多、毒株易变异，为禽流感病的防治增加了难度。

家禽发生高致病性禽流感具有疫病传播快、发病致死率高、生产危害大的特点。近几年来，全世界多次流行较大规模的高致病性禽流感，不仅对家禽业构成了极大威胁，而且属于 A 型流感病毒的某些强致病毒株，也可能引起人的流感，因此这一疾病引起了国内外的高度重视。

(1)发病特点

①病毒主要通过水平传播，但其他多种途径也可传播，如消化道、呼吸道、眼结膜及皮肤损伤等途径传播，呼吸道、消化道是感染

的最主要途经。人工感染通常包括鼻内、气管、结膜、皮下、肌肉、静脉内、口腔、气囊、腹腔、泄殖腔及气溶胶等。

②任何季节和任何日龄的鸡群都可发生。各种年龄、品种和性别的鸡群均可感染发病，以产蛋鸡易发。一年四季均可发生，但多暴发于冬季、春季，尤其是秋冬和冬春交界气候变化大的时间，大风对此病传播有促进作用。

③发病率和死亡率受多种因素影响，既与鸡的种类及易感性有关，又与毒株的毒力有关，还与年龄、性别、环境因素、饲养条件及并发病有关。

④疫苗效果不确定。疫苗毒株血清型多，与野毒株不一致，免疫抑制病的普遍存在，免疫应答差，并发感染严重及疫苗的质量问题等使疫苗效果不确定。

⑤临床症状复杂。混合感染、并发感染导致病重、诊断困难、影响愈后。

（2）临床症状：鸡发生禽流感的发病率和死亡率与感染毒株的毒力有关，同时还与鸡的日龄、性别、环境因素、饲养状况及疾病并发情况有关。流感病毒可经实验分型为非致病性、低致病性和高致病性毒株，受感染鸡的临床表现很不一致。具有 H5 或 H7 亚型的禽流感病毒感染，往往伴有较高的死亡率。雏鸡和育成鸡感染多表现为慢性呼吸道病、腹泻、消瘦、伴有少量死亡。高产蛋鸡最易感，表现精神沉郁，吃食减少，蛋壳质量下降，软蛋、薄皮蛋增多，产蛋量明显下降。呼吸道症状可见有咳嗽、打喷嚏、尖叫、啰音，甚至呼吸困难。病鸡伏卧不起，羽毛松乱，头和颜面部水肿，冠和肉垂发绀，有的严重腹泻，排绿色水样粪便，消瘦，并有较高的死亡率。

（3）病理变化：蛋鸡发生高致病性禽流感，其病理剖检可见气管黏膜充血、水肿、气管中有多量浆液性或干酪样渗出物。气囊壁增厚，混浊，有时见有纤维素性或干酪样渗出物。消化道表现为嗉囊中积有大量液体，腺胃壁水肿、乳头肿胀、出血、肠道黏膜为卡他性出血性炎症。卵泡变形坏死、萎缩或破裂，形成卵黄性腹膜炎，输卵管黏膜发炎，输卵管内见有大量黏稠状脓样渗出物。其他脏器，如肝、脾、肾、心、肺多呈淤血状态，或有坏死灶形成。

(4)诊断：典型的病史、症状、病变可怀疑本病，但确诊须通过病毒分离鉴定和血清学检查。

(5)治疗

①鸡发生高致病性禽流感应坚决执行封锁、隔离、消毒、扑杀等措施。

②如发生中低致病力禽流感时每天可用过氧乙酸、次氯酸钠等消毒剂1～2次带鸡消毒并使用药物进行治疗，如每100千克饲料拌病毒唑10～20克，或每100千克水兑8～10克连续用药4～5天；或用金刚烷胺按每千克体重10～25毫克饮水4～5天(产蛋鸡不宜用)或清温败毒散0.5%～0.8%拌料，连用5～7天。为控制继发感染，用50～100毫克/千克的恩诺沙星饮水4～5天；或强效阿莫西林8～10克/100千克水连用4～5天，或强力霉素8～10克/100千克水连用5～6天。另外每100千克水中加入维生素C 50克、维生素E 15克、糖5000克(特别对采食量过少的鸡群)连饮5～7天有利于疾病痊愈。产蛋鸡痊愈后使用增蛋高乐高、增蛋001等药物4～5周，促进输卵管的愈合，增强产蛋功能，促使产蛋上升。

③注意事项：是鸡新城疫还是禽流感不能立即诊断或诊断不准确时，切忌用鸡新城疫疫苗紧急接种。疑似鸡新城疫和禽流感并发时，用病毒唑50克+500千克水连续饮用3～4天，并在水中加多溶速补液和抗菌药物，然后依据具体情况进行鸡新城疫疫苗紧急接种；如果环境温度过低时保持适宜的温度有利于疾病痊愈；病重时会出现或轻或重的肾脏肿大、红肿，可以使用治疗肾肿的中草药如肾迪康、肾爽等3～5天；蛋鸡群病愈后注意观察淘汰低产

鸡,减少饲料消耗。

(6)预防:发生本病时要严格执行封锁、隔离、消毒、焚烧发病鸡群和尸体等综合防治措施。

①加强对禽流感流行的综合控制措施:不从疫区或疫病流行情况不明的地区引种。控制外来人员和车辆进入养鸡场,确需进入则必须消毒;不混养家畜、家禽;保持饮水卫生;粪尿污物无害化处理(家禽粪便和垫料堆积发酵或焚烧,堆积发酵不少于 20 天);做好全面消毒工作。流行季节每天可用过氧乙酸、次氯酸钠等开展 1～2 次带鸡消毒和环境消毒,平时每 2～3 天带鸡消毒 1 次;病死禽要进行无害化处理,不能在市场流通。

②增强机体的抵抗力:尽可能减少鸡的应激反应,在饮水或饲料中增加维生素 C 和维生素 E,提高鸡抗应激能力。饲料应新鲜、全价。提供适宜的温度、湿度、密度、光照;加强鸡舍通风换气,保持舍内空气新鲜;勤清粪便和打扫鸡舍及环境,保持生产环境清洁;做好大肠杆菌、新城疫、霉形体等病的预防工作。

③免疫接种:某一地区流行的禽流感只有一个血清型,接种单价疫苗是可行的,这样可有利于准确监控疫情。当发生区域不明确血清型时,可采用多价疫苗免疫。疫苗免疫后的保护期一般可达 6 个月,但为了保持可靠的免疫效果,通常每 3 个月应加强免疫一次。免疫程序为首免 5～15 日龄,每只 0.3 毫升,颈部皮下注射;二免 50～60 日龄,每只 0.5 毫升;三免开产前进行,每只 0.5 毫升;产蛋中期(40～45 周龄)可进行四免。

7. 如何治疗禽霍乱

禽霍乱是一种侵害家禽和野禽的接触性疾病,又名禽巴氏杆菌病、禽出血性败血症。该病常呈现败血性症状,发病率和死亡率都很高,但也常出现慢性或良性经过。

(1)发病特点:各种家禽和多种野鸟等都可感染本病,育成鸡和成年产蛋鸡多发，高产鸡易发。病鸡、康复鸡或健康带菌鸡是本病复发或新鸡群暴发本病的传染源。病禽的排泄物和分泌物中含有大量细菌污染饲料、饮水、用具和场地，一般通过消化道和呼吸道传染，也可通过吸血昆虫和损伤皮肤、黏膜等感染。本病的发生一般无明显的季节性，但以冷热交替、气候剧变、闷热、潮湿、多雨时期发生较多，常呈地方流行。鸡群的饲养管理，通风不良等因素，促进本病的发生和流行。

(2)临床症状：一般情况下，感染该病后约2～5天才发病。

①最急型：无明显症状，突然死亡，高产营养良好的鸡容易发生。

②急性型：鸡精神和食欲不佳，鸡冠肉垂暗紫红色，饮水增多，剧烈腹泻，排绿黄色稀粪。嘴流黏液，呼吸困难，羽毛松乱，缩颈闭眼，最后食欲废绝，衰竭而死。病程1～3日，死亡率很高。

③慢性型：多在流行后期出现，常见肉垂，关节趾爪肿胀。

(3)病理变化

①最急性型常见本病流行初期，剖检几乎见不到明显的病变，仅冠和肉垂发绀，心外膜和腹部脂肪浆膜有针尖大出血点，肺有充血水肿变化。肝肿大表面有散在小的灰白色坏死点。

②急性型剖检时尸体营养良好，冠和肉垂呈紫红色，嗉囊充满食物。皮下轻度水肿，有点状出血，浆液渗出。心包腔积液，有纤维素心包炎，心外膜出血，尤以心冠和纵沟处的外膜出血，肠浆膜、腹膜、泄殖腔浆膜有点状出血。肺充血水肿有出血性纤维素性肺炎变化。脾一般不肿大或轻度肿大、柔软。肝肿大，质脆，表面有针尖大的灰白色或灰黄色的坏死点，有时见有点状出血。胃肠道以十二指肠变化最明显，为急性、卡他性或出血性肠炎，黏膜肿胀暗红色，有散在或弥漫性出血点或出血斑。肌胃与腺胃交界处有出血斑。产蛋鸡卵泡充血、出血。

③慢性型肉垂肿胀坏死，切开时内有凝固的干酪样纤维素块，

组织发生坏死干枯。病变部位的皮肤形成黑褐色的痂，甚至继发坏疽。肺可见慢性坏死性肺炎。

（4）诊断：本病根据流行特点、典型症状和病变，一般可以确诊，必要时可进行实验室检查。

（5）治疗

①在饲料中加入 0.5%～1%的磺胺二甲基嘧啶粉剂，连用 3～4 天，停药 2 天，再服用 3～4 天；也可以在每 1000 毫升饮水中，加 1 克药，溶解后连续饮用 3～4 天。

②在饲料中加入 0.1%的土霉素，连续服用 7 天。

③在饲料中加入 0.1%的氯霉素，连用 5 天，接着改用喹乙醇，按 0.04%浓度拌料，连用 3 天。使用喹乙醇时，要严格控制剂量和疗程，拌料要均匀。

④对病情严重的鸡可肌内注射青霉素或氯霉素。青霉素，每千克体重 4 万～8 万单位，早晚各 1 次；氯霉素，每千克体重 20 毫克。

（6）预防

①切实做好卫生消毒工作，防止病原菌接触到健康鸡。做好饲养管理，使鸡只保持有较强的抵抗力。

②在鸡霍乱流行严重地区或经常发生的地区，可以进行预防接种。目前使用的主要是禽霍乱菌苗。2 月龄以上的鸡，每只肌内注射 2 毫升，注射后 14～21 天可产生免疫力。这种疫苗免疫期仅 3 个月左右。若在第一次注射后 8～10 天再注射一次，免疫力可以提高且延长。但这种疫苗的免疫效果并不十分理想。

③在疫区，鸡只患病后，可以采用喹乙醇进行治疗。按每千克体重 20～30 毫克口服，每日 1 次，连续服用 3～5 天；或拌在饲料内投喂，一天 1 次，连用 3 天，效果较好。

④肌内注射水剂青霉素或链霉素，每只鸡每次注射 2 万～5 万国际单位，每天 2 次，连用 2～3 天，进行治疗。或在大群鸡患病时，采用青霉素饮水，每只鸡每天 5000～10000 国际单位，饮用

1～3 天为宜。

⑤利用磺胺二甲基嘧啶、磺胺嘧啶等，以 0.5％的比例拌在饲料中进行饲喂。但此法会影响蛋鸡产蛋量。

⑥病死的鸡要深埋或焚烧处理。

8. 如何治疗鸡马立克病

鸡马立克病是由鸡疱疹病毒引起鸡的一种最常见的淋巴细胞增生性疾病，死亡率可达 30％～80％，对养鸡业造成了严重威胁，是我国主要的禽病之一。

（1）发病特点：病鸡和带毒鸡是传染源，尤其是这类鸡的羽毛囊上皮内存在大量完整的病毒，随皮肤代谢脱落后污染环境，成为在自然条件下最主要的传染来源。

本病主要通过空气传染经呼吸道进入体内，污染的饲料、饮水和人员也可带毒传播。孵化室污染能使刚出壳雏鸡的感染性明显增加。

1 日龄雏鸡最易感染，2～18 周龄鸡均可发病。母鸡比公鸡易感性高。

（2）临床症状：经病毒侵害后，病鸡的表现方式可分为神经型、内脏型、眼型和皮肤型。

①神经型：由于病变部位不同，症状上有很大区别。坐骨神经受到侵害时，病鸡开始走路不稳，逐渐看到一侧或两侧腿瘸，严重时瘫痪不起，典型的症状是一只腿向前伸，一条腿向后伸的“劈叉”姿势。病腿部肌肉萎缩，有凉感，爪子多弯曲。翅膀的臂神经受到侵害时，病鸡翅膀无力，常下垂到地面，如穿大褂。当颈部神经受到损害时，病鸡脖子常斜向一侧，有时见大嗉囊，病鸡常蹲在一起张口无声地喘气。

②急性内脏型：可见病鸡呆立，精神不振，羽毛散乱，不爱走路，常蹲在墙角，缩颈，脸色苍白，拉绿色稀粪，但能吃食，一般 15

天左右即死去。

③眼型:病鸡一侧或两侧性眼睛失明。失明前多不见炎性肿胀,仔细检查时病鸡眼睛的瞳孔边缘呈不整齐锯齿状,并见缩小,眼球如“鱼眼”或“珍珠眼”、瞳孔边缘不整,在发病初期尚未失明就可见到以上情况,对早期诊断本病很有意义。

④皮肤型:病鸡褪毛后可见体表毛囊腔形成结节及小的肿瘤状物,在颈部、翅膀、大腿外侧较为多见。肿瘤结节呈灰粉黄色,突出于皮肤表面,有时破溃。

(3)病理变化:内脏器官出现单个或多个淋巴性肿瘤灶,常发生在卵巢、肾、肝、心、肺、脾、胰等处。同时肝、脾、肾、卵巢肿大、比正常增大数倍,颜色变淡。卵巢肿瘤呈菜花状或脑样。腺胃肿大增厚、质坚实。法氏囊多萎缩、皱褶大小不等,不见形成肿瘤。坐骨神经、臂神经、迷走神经肿大比正常增粗 2～3 倍,神经表面银白色纹理和光亮全部消失,神经粗细不匀呈灰白色结节状。

(4)诊断:根据流行病学,临床症状和病理变化可做出诊断,用病鸡血清及羽髓做琼扩试验,阳性者可确诊。

(5)治疗:本病无特效治疗药物,只有采取疫苗接种和严格的卫生措施才可能控制本病的发生和发展。

①疫苗种类:血清 1 型疫苗,主要是减弱弱毒力株 CV1-988 和齐鲁制药厂兽药生产的 814 疫苗,其中 CV1-988 应用较广;血清 2 型疫苗,主要有 SB-1,301B/301A/1 以及我国的 Z4 株,SB-1 应用较广,通常与火鸡疱疹病毒疫苗(即血清 3 型疫苗 HVT)合用,可以预防超强毒株的感染发病,保护率可达 85%以上;血清 3 型疫苗,即火鸡疱疹病毒 HVT-FC126 疫苗,HVT 在鸡体内对马立克病病毒起干扰作用,常 1 日龄免疫,但不能保护鸡免受病毒的感染;20 世纪 80 年代以来,HVT 免疫失败的越来越多,部分原因是由于超强毒株的存在,市场上已有 SB-1＋FC126、301B/1＋FC126 等二价或三价苗,免疫后具有良好的协同作用,能够抵抗

强毒的攻击。

②免疫程序的制订：单价疫苗及其代次、多价疫苗常影响免疫程序的制订，单价苗如HVT、CV1-988等可在1日龄接种，也有的地区采用1日龄和3～4周龄进行两次免疫。通常父母代用血清1或2型疫苗，商品代则用血清3型疫苗，以免受血清1或2型母源抗体的影响，父母代和子代均可使用SB-1或301B/1＋HVT等二价疫苗。

（6）预防

①加强养鸡环境卫生与消毒工作，尤其是孵化卫生与育雏鸡舍的消毒，防止雏鸡的早期感染是非常重要的，否则即使出壳后即刻免疫有效疫苗，也难防止发病。

②加强饲养管理，改善鸡群的生活条件，增强鸡体的抵抗力，对预防本病有很大的作用。饲养管理不善，环境条件差或某些传染病如球虫病等常是重要的诱发因素。

③坚持自繁自养，防止因购入鸡苗的同时将病毒带入鸡舍。采用全进全出的饲养制度，防止不同日龄的鸡混养于同一鸡舍。

④防止应激因素和预防能引起免疫抑制的疾病如鸡传染性法氏囊病、鸡传染性贫血病毒病、网状内皮组织增殖病等的感染。

⑤一旦发生本病，在感染的场地清除所有的鸡，将鸡舍清洁消毒后，空置数周后再引进新雏鸡。一旦开始育雏，中途不得补充新鸡。

9. 如何治疗绦虫病

绦虫是一些白色，扁平、带状分节的蠕虫。虫体由一个头节和多体节构成。散养鸡与中间宿主接触机会大大增多，所以散养鸡很容易发生绦虫病。

（1）发病特点：家禽的绦虫病分布十分广泛，危害面广且大。感染多发生在中间宿主活跃的4～9月份，各种年龄的家禽均可感染，但以雏禽的易感性更强，25～40 日龄的雏禽发病率和死亡率最高，成年禽多为带虫者。饲养管理条件差、营养不良的禽群，本病易发生和流行。

(2)临床症状：由于棘沟赖利绦虫等各种绦虫都寄生在鸡的小肠，用头节破坏了肠壁的完整性，引起黏膜出血，肠道炎症，严重影响消化机能。病鸡表现为下痢，粪便中有时混有血样黏液。轻度感染造成雏鸡发育受阻，成鸡产蛋量下降或停止。寄生绦虫量多时，可使肠管堵塞，肠内容物通过受阻，造成肠管破裂和引起腹膜炎。绦虫代谢产物可引起鸡体中毒，出现神经症状。病鸡食欲不振，精神沉郁，贫血，鸡冠和黏膜苍白，极度衰弱，两足常发生瘫痪，不能站立，最后因衰竭而死亡。

(3)病理变化：十二指肠发炎，黏膜肥厚，肠腔内有多量黏液，恶臭，黏膜贫血，黄染。感染棘沟赖利绦虫时，肠壁上可见结核样结节，结节中央有米粒大小的凹陷，结节内可找到虫体或填满黄褐色干酪样物质，或形成疣状溃疡。肠腔中可发现乳白色分节的虫体。虫体前部节片细小，后部的节片较宽。

(4)诊断：粪便中检出绦虫虫体或节片，可做出诊断。

(5)治疗

①氯硝柳胺(灭绦灵)每千克体重用 50～60 毫克，混合在饲料中 1 次喂给。

②硫双二氯酚(别丁)：每千克体重 150～200 毫克，混入饲料中喂服，4 天后再服 1 次。

③丙硫咪唑驱赖利绦虫有效，每千克体重 10～15 毫克，1 次喂用。

④吡喹酮每千克体重用 10～15 毫克，1 次喂服。

⑤甲苯咪唑每千克体重用 30～50 毫克，1 次喂服。

⑥六氯酚：每千克体重 26～50 毫克，口服。

⑦槟榔煎汁：每千克体重用槟榔片或槟榔粉 1～1.5 克，加水

煎汁，用细橡皮管直接灌入嗉囊内，早晨逐只给药并多饮水，一般在给药后3～5天内排出虫体。

(6)预防

①注意粪便的处理，尤其是驱虫后粪便应堆积发酵。

②常发地区有计划的定期进行预防性驱虫，并驱除中间宿主蚂蚁和甲虫等。

10. 如何治疗鸡痘

鸡痘是一种广泛分布于世界各地，是高度接触性病毒性传染病，秋冬季节易流行，尤其潮湿环境下，蚊子较多，会加速该病的传染，因此，多雨的秋季应该注意该病的提前预防。

(1)发病特点：鸡痘分布广泛，几乎所有养鸡的地方都有鸡痘病发生，并且一年四季均可发病，尤其以春、秋两季和蚊蝇活跃的季节最易流行，在鸡群高密度饲养条件下，拥挤、通风不良、阴暗、潮湿、体表寄生虫、维生素缺乏和饲养管理粗放，可使鸡群病情加重，如伴随葡萄球菌、传染性鼻炎、慢性呼吸道疾病，可造成大批鸡死亡，特别是大养殖场(户)，一旦鸡痘暴发，就难以控制。

(2)临床症状：本病自然感染的潜伏期为4～10天，鸡群常是逐渐发病。病程一般为3～5周，严重暴发时可持续6～7周。根据患病部位不同主要分为3种不同类型，即皮肤型、黏膜型和混合型。

①皮肤型：是最常见的病型，多发生于幼鸡，病初在冠、髯、口角、眼睑、腿等处，出现红色隆起的圆斑，逐渐变为痘疹，初呈灰色，后为黄灰色。经1～2天后形成痂皮，然后周围出现瘢痕，有的不易愈合。眼睑发生痘疹时，由于皮肤增厚，使眼睛完全闭合。病情较轻不引起全身症状，较严重时，则出现精神不振，体温升高，食欲减退，成鸡产蛋减少等。如无并发症，一般病鸡死亡率不高。

②黏膜型：多发生于青年鸡和成年鸡。症状主要在口腔、咽喉

和气管等黏膜表面。病初出现鼻炎症状，从鼻孔流出黏性鼻液，2～3天后先在黏膜上生成白色的小结节，稍突起于黏膜表面，以后小结节增大形成一层黄白色干酪样的假膜，这层假膜很像人的“白喉”，故又称白喉型鸡痘。如用镊子撕去假膜，下面则露出溃疡灶。病鸡全身症状明显，精神委靡，采食与呼吸发生障碍，脱落的假膜落入气管可导致窒息死亡。病鸡死亡率一般在5%以上，雏鸡严重发病时，死亡率可达50%。

③混合型：有些病鸡在头部皮肤出现痘疹，同时在口腔出现白喉病变。

（3）病理变化：除见局部的病理变化外，一般可见呼吸道黏膜、消化道黏膜卡他性炎症变化，有的可见有痘疱。

（4）诊断：根据皮肤、口腔、喉、气管黏膜出现典型的痘疹，即可做出诊断。

（5）治疗

①大群鸡用吗啉胍按照1‰的量拌料，连用3～5日，为防继发感染，饲料内应加入0.2%土霉素，配以中药鸡痘散（龙胆草90克，板蓝根60克，升麻50克，野菊花80克，甘草20克，加工成粉末，每日成鸡2克/只，均匀拌料，分上下午集中喂服），一般连用3～5日即愈。

②对于病重鸡，皮肤型可用镊子剥离痘痂，伤口涂抹碘酊或紫药水或生棉油；白喉型可用镊子将黏膜假膜剥离取出，然后再撒上少许“喉症散”或“六神丸”粉或冰硼散，每日1次，连用3日即可。

③对于痘斑长在眼睑上，造成眼睑粘连，眼睛流泪的鸡可以采用注射治疗的方法给予个别治疗，用法为青霉素1支（40万单位），链霉素1支（10万单位），病毒唑1支，地塞米松1支，混匀后肌注，40日龄以下注射10只鸡，40日龄以上注射5～7只鸡。一般连续注射3～5次，即可痊愈。

(6)预防

①预防接种:本病可用鸡痘疫苗接种预防。10日龄以上的雏鸡均可以接种,免疫期幼雏2个月,较大的鸡5个月。刺种后3～4天,刺种部位应微现红肿,结痂,经2～3周脱落。

②严格消毒:要保持环境卫生,经常进行环境消毒,消灭蚊子等吸血昆虫及其孳生地。发病后要隔离病鸡,轻者治疗,重者捕杀并与病死鸡一起深埋或焚烧。污染场地要严格清理消毒。

11. 如何治疗有机磷农药中毒

有机磷农药使用最广泛的高效杀虫剂,常用的有1605、1059、3911、乐果、敌敌畏、敌百虫等,这类农药对鸡有很强的毒害作用,稍有不慎即可发生中毒。此外,残留于农作物上的少量有机磷对鸡也有毒害作用。

(1)发病特点:由于对农药管理或使用不当,致使家禽中毒。如用有机磷农药在禽舍杀灭蚊、蝇或投放毒鼠药饵,被家禽吸入;饮水或饲料被农药污染;防治禽寄生虫时药物使用不当;其他意外事故等。

(2)临床症状:最急性中毒往往不见任何症状而突然发病死亡。急性病例,可见不食、流涎、流泪、瞳孔缩小、肌肉震颤、无力、共济失调、呼吸困难、鸡冠与肉髯发绀,腹泻,后期病鸡出现昏迷,体温下降,常卧地不起而衰竭而死。

(3)病理变化:由消化道食入者常呈急性经过,消化道内容物有一种特殊的蒜臭味,胃肠黏膜充血、肿胀,易脱落。肺充血水肿,肝、脾肿大,肾肿胀,被膜易剥离。心脏点状出血,皮下、肌肉有出血点。病程长者有坏死性肠炎。

(4)诊断:根据病史,有与农药接触或误食被农药污染的饲料等情况。发病鸡口流涎量多而且症状明显,瞳孔明显缩小,肌肉震颤痉挛等。胃内容物有异味,一般可初步诊断。必要时进行实验室诊断,做有机磷定性试验。

(5)治疗：发现中毒病例，消除病因，采取对症疗法。

①一般急救措施：清除毒源。经皮肤接触染毒的，可用肥皂水或2%碳酸氢钠溶液冲洗（敌百虫中毒不可用碱性药液冲洗）。经消化道染毒的，可试用1%硫酸铜内服催吐或切开嗉囊排除含毒内容物。

②特效药物解毒：常用的有双复磷或双解磷，成禽肌注40～60毫克/千克；同时配合1%硫酸阿托品每只肌注0.1～0.2毫升。

③支持疗法：电解多维和5%葡萄糖溶液饮水。

(6)预防：在用有机磷农药杀灭鸡舍或鸡体表寄生虫及蚊蝇时，必须注意使用剂量，勿使农药污染饲料和饮水。

12. 如何预防鸡中暑

鸡中暑又称热衰竭，是日射病（源于太阳光的直接照射）和热射病（源于环境温度过高、湿度过大，体热散发不出去）的总称，是酷暑季节鸡的常见病。本病以鸡急性死亡为特征，因此，夏季加强对鸡中暑的预防，发生中暑及时治疗是十分必要的。

(1)发病特点：温度是影响鸡生产性能的重要指标之一。据测定，鸡最适宜的环境温度在13～15℃，当温度达到30℃时，鸡的采食量减少10%～30%，当温度达到35℃时，鸡就会出现一系列精神异常反应，出现中暑症状。中暑的情况随温度的升高而加剧，当温度超过40℃时，造成鸡大批中暑死亡。

(2)临床症状：处于中暑状态的鸡主要表现为张口呼吸，呼吸困难，部分鸡喉内发出明显的呼噜声；采食量严重下降，部分鸡绝食；饮水量大幅度增加；精神委靡，活动减少，部分鸡卧于笼底；鸡冠发绀；体温高达45℃以上。剖检时往往无特征性病变，但大多数鸡的胸腔呈弥散性出血，肠道往往发生高度水肿，肺及卵巢充血，有些蛋鸡体内尚有成型的待产鸡蛋。

(3)诊断：根据临床表现，结合通风、气温等因素即可诊断。

(4)治疗:发现鸡只中暑,应立即将鸡转移到阴凉通风处,在鸡冠、翅翼部扎针放血,同时肌注维生素C 0.1克,灌服十滴水、藿香正气水1～2滴、仁丹3～4粒。一般情况下,多数中暑鸡经过治疗可以很快康复。

(5)预防:预防鸡中暑的关键措施是降温,同时要加强鸡的饲养管理。

①人工喷雾凉水,降低空间温度:可用喷雾器将刚从井里打上来的凉水进行空间喷雾。

②地面泼洒凉水,增加蒸发散热:舍温太高的时候,可以向鸡舍地面泼洒一些凉水,同时打开门窗,加大对流通风。

③减少热量入舍,保证舍内凉爽:阳光照射是导致舍温升高的一个重要因素,可以在鸡舍屋面上覆盖一层10～15厘米厚的稻草或麦秸,洒上凉水,保持长期湿润;在窗上搭遮阳棚,阻挡阳光直射入舍。

④保证供应充足清洁、清凉的深井水或冰水,缓解高温影响。

⑤增喂降温饲料:将西瓜皮切碎,每日每只鸡喂50克左右,日喂3次,中午单独喂,早晚拌入饲料中喂给。也可将黄豆、石膏粉按各100克,加水10千克的比例,浸泡24小时,取浸液作饮水喂鸡。

四、鸡蛋的贮藏与运输问题

鸡蛋是人们日常生活中最为喜爱的食品之一,它食用方便,具有极高的营养价值,易于消化吸收。从基本营养素上,笼养鸡蛋和散养鸡蛋无本质的区别,主要的区别是在口感上,散养鸡蛋更有鸡蛋味道。在外观上两者的区别主要是蛋重和蛋形,同样的品种散养鸡产的蛋比笼养鸡产的蛋个头小,蛋形偏长(蛋形指数大),蛋壳颜色不一。

1. 如何包装与运输鲜蛋

(1)鲜蛋的包装技术:首先要选择好包装材料,包装材料应当力求坚固耐用,经济方便。可以采用木箱、纸箱、塑料箱、蛋托和与之配套用的蛋箱。

①普通木箱和纸箱包装鲜蛋:木箱和纸箱必须结实、清洁和干燥。每箱以包装鲜蛋300～500枚为宜。包装所用的填充物,可用切短的麦秆、稻草或锯末屑、谷糠等,但必须干燥、清洁、无异味,切不可用潮湿和霉变的填充物。包装时先在箱底铺上一层5～6厘米厚的填充物,箱子的四个角要稍厚些,然后放上一层蛋,蛋的长轴方向应当一致,排列整齐,不得横竖乱放。在蛋上再铺一层2～3厘米的填充物,再放一层蛋。这样一层填充物一层蛋直至将箱装满,最后一层应铺5～6厘米厚的填充物后加盖。木箱盖应当用钉子钉牢固,纸箱则应将箱盖盖严,并用绳子包扎结实。最后注明品名、重量并贴上"请勿倒置"、"小心轻放"的标志。

②利用蛋托和蛋箱包装鲜蛋:蛋托是一种塑料制成的专用蛋盘,将蛋放在其中,蛋的小头朝下,大头朝上,呈倒立状态。每蛋一格,每盘30枚。蛋托可以重叠堆放而不致将蛋压破。蛋箱是蛋托配套使用的纸箱或塑料箱。利用此法包装鲜蛋能节省时间,便于计数,破损率小,蛋托和蛋箱可以经消毒后重复使用。

(2)鲜蛋的运输:在运输过程中应尽量做到缩短运输时间,减少中转。根据不同的距离和交通状况选用不同的运输工具,做到快、稳、轻。"快"就是尽可能减少运输中的时间;"稳"就是减少震动,选择平稳的交通工具;"轻"就是装卸时要轻拿轻放。

此外还要注意蛋箱要防止日晒雨淋;冬季要注意保暖防冻,夏季要预防受热变质;运输工具必须清洁干燥;凡装运过农药、氨水、煤油及其他有毒和有特殊气味的车、船，应经过消毒、清洗后没有异味时方可运输。

2. 如何贮藏鲜鸡蛋

健康母鸡所产的鸡蛋内部是没有微生物的，新生蛋壳表面覆盖着一层由输卵管分泌的黏液所形成的蛋白质保护膜，蛋壳内也有一层由角蛋白和黏蛋白等构成的蛋壳膜，这些膜能够阻止微生物的侵入。因此，不能用水洗待贮放的鸡蛋，以免洗去蛋壳上的保护膜。此外，蛋清中含有多种防御细菌的蛋白质，如球蛋白、溶菌酶等，可保持鸡蛋长期不被污染变质。在鸡蛋贮存过程中，由于蛋壳表面有气孔，蛋内容物中水分会不断蒸发，使蛋内气室增大，蛋的重量不断减轻。蛋的气室变化和重量损失程度与保存温度、湿度、贮存时间密切相关，久贮的鸡蛋，其蛋白和蛋黄成分也会发生明显变化，鲜度和品质不断降低。根据鸡蛋的多少采取适当的贮存方法对保持鸡蛋品质是非常重要的。

(1)少量鸡蛋采用以下保鲜法

①选择好保存鸡蛋的容器并在底部铺上干燥、干净的谷糠，也可以选择锯末或者草木灰，放一层蛋铺一层锯末，然后存放于阴凉通风处，蛋可保鲜几个月(最好隔些日子翻动检查一次)。

②在鲜鸡蛋上涂点食用油等植物油脂，这样鸡蛋在气温25～30℃可保鲜1个月以上。

(2)大量鸡蛋采用冷藏法：大量鸡蛋要采用冷藏库冷藏。冷藏库温度以0℃左右为宜，可降至－2℃，但不能使温度经常波动，相对湿度以80％为宜。鲜蛋入库前，库内应先消毒和通风。消毒方法可用漂白粉液(次氯酸)喷雾消毒和高锰酸钾甲醛法熏蒸消毒。送入冷藏库的蛋必须经严格的外观检查和灯光透视，只有新鲜清洁的鸡蛋才能贮放。经整理挑选的鸡蛋应整齐排列，大头朝上，在容器中排好，送入冷藏库前必须在 2～5℃环境中预冷，使蛋温逐渐降低，防止水蒸气在蛋表面凝结成水珠，给真菌生长创造适宜环境。为了预防霉菌，可用超低量喷雾器向鸡蛋上喷洒浓度为千分之一的多菌灵溶液。同样原理，出库时则应使蛋逐渐升温，以防止出现“汗蛋”。冷藏开始后，应注意保持和监测库内温、湿度，定期透视抽查，每月翻蛋 1 次，防止蛋黄黏附在蛋壳上。保存良好的鸡蛋，可贮放 10 个月。

参考文献

1. 杨志勤. 养鸡关键技术. 成都:四川科学技术出版社,2003

2. 李千军. 土种肉鸡高效养殖新技术. 天津:天津科学技术出版社,2002

3. 邱祥聘. 养鸡全书. 成都:四川科学技术出版社,2002

4. 施泽荣. 土鸡饲养与防病. 北京:中国林业出版社,2002

5. 尹兆正等. 优质土鸡养殖. 北京:中国农业大学出版社,2002

6. 施泽荣. 土鸡饲养与防病. 北京:中国林业出版社,2002

7. 李英. 鸡的营养与饲料配方. 北京:中国农业出版社,2000

8. 张国增. 巧法生态散养鸡. 北京:中国农业出版社,2004

9. 刘益平. 果园林地生态养鸡技术. 北京:金盾出版社,2004

10. 宁中华. 高产蛋鸡散养技术指南. 北京:中国农业大学出版社,2007

内容简介

近些年全国各地利用果园、山地、闲田、林地、荒滩散养的土鸡及其产品不仅肉质好、味道鲜，深受消费者青睐，而且发展的规模也越来越大。本书以问答的形式详细讲述了土鸡圈养期鸡场的选择与建造、土鸡散养期场址的选择、土鸡的营养特点及饲料配合、土鸡的孵化和育雏、土鸡不同阶段的饲养管理、土鸡常见疾病的防治等问题，以期对《果园、山林散养土鸡》未提及的问题进行补充，以供土鸡养殖技术人员以及广大农民朋友参考。